水果产业·农民培训精品教材

北方果树
病虫害绿色防控与诊断

原色生态图谱

·种出优质水果·
·轻松识别病虫·
既学到知识
·又掌握技术·
·致富好帮手·

王永立　付丽亚　焦富玉 ■主编

U0349146

中国农业科学技术出版社

图书在版编目（CIP）数据

北方果树病虫害绿色防控与诊断原色生态图谱／王永立，付丽亚，焦富玉主编．—北京：中国农业科学技术出版社，2018.4（2024.12重印）

ISBN 978-7-5116-3571-6

Ⅰ.①北… Ⅱ.①王…②付…③焦… Ⅲ.①果树–病虫害防治–图谱 Ⅳ.①S436.6-64

中国版本图书馆 CIP 数据核字（2018）第 059394 号

责任编辑　崔改泵
责任校对　马广洋

出 版 者　中国农业科学技术出版社
　　　　　北京市中关村南大街 12 号　邮编：100081
电　　话　（010）82109194（编辑室）　（010）82109702（发行部）
　　　　　（010）82109709（读者服务部）
传　　真　（010）82106650
网　　址　http://www.castp.cn
经 销 者　各地新华书店
印 刷 者　北京建宏印刷有限公司
开　　本　889 mm×1194 mm　1/32
印　　张　6.5
字　　数　180 千字
版　　次　2018 年 4 月第 1 版　2024 年 12 月第 3 次印刷
定　　价　59.80 元

前　言

　　果树病虫防治是果树取得优质高产的保证，果树受到病虫危害时，会对水果产量和质量带来很大的威胁。因此，果树的病虫防治工作尤其重要。但在实际生产中，许多果农对病虫为害特点和防治技术不了解，在防治方面出现了很多误区。由于季节以及果树种类的不同，各种病虫都有其特殊性，针对不同的病虫，防治方法自然也不一样，本书对果树病虫害防治手段与实用技巧进行了总结。

　　本书共十二章，内容包括：果树绿色防控措施，苹果病虫害，梨树病虫害，桃树病虫害，杏、李、柿病虫害，枣的病虫害，樱桃病虫害，葡萄病虫害，草莓病虫害，石榴病虫害，板栗病虫害，核桃病虫害等内容，并附重要病虫害识别的彩色图片。因篇幅所限主要介绍北方落叶果树生产上最常见的且对果树和果品威胁最大的病虫害，对实际生产具有较高的指导性和实用性。

　　本教材如有疏漏之处，敬请广大读者批评指正。

编　者

目　　录

第一章　果树病虫害绿色防控措施

防治果树病害的基本方针是"预防为主，综合治理"。防治果树病害的方法多种多样，主要有植物检疫、抗病育种、栽培技术、生物防治、物理防治、外科治疗及化学防治等。每种方法各有其优缺点。进行病害防治应该根据实际情况，有机、灵活地运用各种防治手段，使其相互协调，取长补短，以达到理想的防治效果。

第一节　植物检疫

一、植物检疫的概念和意义

植物检疫是指一个国家或地方政府颁布法令，设立专门机构，禁止或限制危险性病、虫、杂草等人为地传入或传出，或者传入后为限制其继续扩展所采取的一系列措施。

在自然情况下，病、虫和杂草等虽然可以通过气流等自然动力和自身活动扩散，不断扩大其分布范围，但这种能力是有限的。再加上有高山、海洋、沙漠等天然障碍的阻隔，所以病虫害的分布有一定的地域性。但是，现代交通运输的发达，使病虫害分布的地域性很容易被突破。一旦借助人为因素，病、虫就可以附着在种实、苗木、接穗、插条及其他植物产品上跨越这些天然屏障，由一个地区传到另一个地区或由一个国家传播到另一个国家。当害虫和病原菌离开了原产地，到了一个新的地区后，原来制约病虫害发生发展的一些环境因素可能并不具备，条件适宜时，就会迅速扩展蔓延猖獗成灾。历史上，这样的教训也不少。榆枯萎病最初仅在欧洲个别地区流行，以后扩散到欧洲许多国家和北美地区，造成榆树大量死亡。因此，这些事件促使一些国家首先采取植物检疫的措施来保护本国农、林业免受危害。

二、植物检疫的实施

（一）检疫对象的确定

病虫害及杂草的种类很多，不可能对所有的病、虫、杂草进行检疫，而是根据调查研究的结果，确定检疫对象名单。确定检疫对象的依据和原则是：①本国或本地区未发生的或分布不广，局部发生的病、虫及杂草。②危害严重、防治困难的病虫害。③可借助人为活动传播的病、虫及杂草，即可以随同种实、接穗、包装物等运往各地，适应性强的病、虫。主要林业检疫性病害有：松材线虫 Bursaphelenchus xylophilus；松疱锈病菌 Cronartium ribicola；落叶松枯梢病菌 Botryosphaeria laricina。检疫对象名单并不是固定不变的，应根据实际情况的变化及时修订或补充。同时，必须根据寄主范围和传播方式确定应该接受检疫的种苗、接穗及其他植物产品的种类和部位。

（二）划分疫区和保护区

有检疫对象发生的地区划为疫区，对疫区要严加控制，禁止检疫对象传出，并采取积极的防治措施，逐步消灭检疫对象。未发生检疫对象，但有可能传播进检疫对象的地区划定为保护区。对保护区要严防检疫对象传入，充分做好预防工作。

（三）对外检疫

对外检疫（国际检疫）是国家在对外口岸、港口、国际机场及国际交通要道设立检疫机构，对进出口货物、旅客携带的植物及邮件等进行检查。该措施的主要目的是防止国外输入新的，或在国内还是局部发生的危险性病、虫及杂草输出国外。出口检疫工作也可以在产地设立机构进行检验。

（四）对内检疫

对内检疫主要是由各省、自治区、直辖市检疫机关，会同交通运输、邮电、供销及其他有关部门根据检疫条例，对所调运的物品进行检验和处理，将在国内局部地区已发生的危险性病、虫、杂草封锁，使它不能传到无病区，并在疫区把它消灭。我国对内检疫主要以产地检疫为主、道路检疫为辅。

三、植物检疫的程序和方法

（一）检疫程序

以对内检疫为例，植物检疫包括下列程序。

报检调运和邮寄种苗及其他应受检的植物产品时，应向调出地有关检疫机构报检。

检验检疫机构人员对所报检的植物及其产品要进行严格的检验。到达现场后凭肉眼和放大镜对产品进行外部检查，并抽取一定数量的产品进行详细检查，必要时可进行显微镜检及诱发试验等。

检疫处理。经检疫如发现检疫对象，应按规定在检疫机构监督下进行处理。一般方法有禁止调运、就地销毁、消毒处理、限制使用地点等。

签发证书经检验后，如不带有检疫对象，则检疫机构发给国内植物检疫证书放行；如发现检疫对象，经处理合格后，仍发证放行；无法进行消毒处理的，应停止调运。

另外，我国进出口检疫包括以下几个方面：进口检疫、出口检疫、旅客携带物检疫、国际邮包检疫、过境检疫等。这些检疫应严格执行《中华人民共和国进出口动植物检疫条例》及其实施细则的有关规定。

（二）检疫方法

植物检疫的检验方法分为现场检验、实验室检验和栽培检验3种。具体方法多种多样。植物检疫工作一般由检疫机构进行，在此不再详述。

果树工作者应注意，无论是引进的还是输出的种苗，均需取得检疫机构的检疫证书方可放行。这是实现以预防为主策略的主要措施。

第二节　抗病育种

选育抗病品种是预防病虫害的重要一环，不同树木花草对于病害的受害程度并不一致。广义的植物抗病性包括3个方面：一是植物从时间上或空间上避开了病原物的侵染，即避病；二是耐病，即植物具有很强的忍耐或增殖补偿能力；三是真实的抗病性，即植物具有抗性基因并从形态结构到生理生化反应上都有抵制病害发生的特征。农业上抗病虫品种选育成功的例子较多，在果树上也培育出菊花、香石竹、金鱼草等抗锈病的新品种。我国果树资源丰富，应注意抗病品种的选育。选育抗病良种的方法除一般常规育种外，辐射育种、化学诱变、单倍体育种及遗传工程的研究，也为选育更多的抗病虫品种提供了可能性。

抗病性的鉴定是抗病育种工作的重要环节。鉴定方法有自然感染和人工感染两种。自然感染法是将初步选育出来的品系栽种在病害流行区，使植物自然发病。人工感染法是把病原物接种到选育出来的植株上，由感染发病的程度来判断寄主植物抗病性的强弱。

鉴定某种植物抗病与否，需要用一些指标来衡量，如发病状况、潜育期的长短、过敏性坏死反应和病斑扩展的速度、范围等因素。

一、发病状况

该项指标包括叶、果、梢，乃至整株的发病率。系统性病害一般可用整株发病率表示病害的严重度，而局部性病害则需要计算病情指数来作比较。

二、潜育期长短

一般来说，寄主抗病性强，潜育期较长，反之则较短。

三、过敏性坏死反应

该项指标主要用于寄主对专性寄生物病害抗性的鉴定，包括坏死出现的速度及范围。寄主抗病力强，过敏反应出现得快。

四、病斑扩展的速度、范围

该指标主要用于寄主对枝干（茎）腐烂病抗性的鉴定。抗病力弱的寄主，病斑扩展速度快，范围大。

除此之外，有的抗病性鉴定中，还要考虑病害对产量和生长量的影响等因素。

需要注意的是，培育出的抗病品种不是万能的、永远不变的，抗病性可以改变或丧失的，其原因是多方面的。病原物的遗传组成可能因寄主抗病品种的出现发生相应的变化，如产生新的生理小种，使寄主原有的抗病性被克服。植物的个体发育和生活力以及环境条件对抗病性的表达也有着重要影响。因此，只有不断地选育新的抗病品种，注意利用多系品种并合理搭配，改进栽培管理措施，去劣存优，才能保障植物的健壮生长，才能使抗病性较长久地保持住。

第三节 栽培措施

果树栽培防治法就是通过改进栽培技术和管理措施，使环境条件有利于果树的生长发育，不利于病原物的滋生，直接或间接地消灭或抑制病害的发生。这种方法不需要额外投资，而且又有预防作用，可长期控制病虫害，因此，栽培措施是最基本的防治方法。

一、选用无病繁殖材料

不少果树病害是依靠种子、苗木和其他繁殖材料传播侵染的，如仙客来病毒病、百日菊白星病等。因此，建立无病留种区或留种田，培育健壮的树苗，从健康植株上采种，不但能提高栽培成活率，有利于苗木的生长发育，而且可以减轻或避免这类病害的发生。花木中病毒病害发生较普遍，很多苗木及繁殖材料都是带毒的，生产中只有使用脱毒的组培苗才能减少病毒病的发生。

二、培育健苗

地势低洼积水，土壤黏重，阳光过弱的地方不宜作苗圃地。另外，应注意选择无病的地块，对有病菌的地块要进行土壤处理；温室中的有病土壤及带病盆钵在未处理前不可继续使用；在无土栽培时，被污染的培养液要及时清除，不能继续使用。

要适时播种，把幼苗最易受害期与病害危害盛期错开，可避免或减轻某些病原的危害。必要时进行种苗消毒处理。如落叶松和杉木，以旬平均气温 10℃以上时播种较宜，种子发芽快，苗木生长健壮，抗病性强。播种过早，苗木出土慢，种子在土壤内时间过长，易发生种芽腐烂；播种太迟，幼苗出土后遇梅雨季节，易受幼苗猝倒病等的侵害。圃地播种后用草帘等覆盖地面，不仅有保温、保湿作用，而且对病虫有隔离作用。适时浇水或排水，可减轻某些土传病害的发生，如圃地积水过多时，适当排水可减轻猝倒病的发生。

三、植物的合理配置与轮作

适地适树，合理密植，适当进行树种和花草的搭配，可相对地减轻某些病害的发生与为害。所谓适地适树，就是使造林树种的特性与造林地的立地条件相适应，以保证树木、花草健壮生长，增强抗病能力。如云杉等耐阴树种宜栽植在阴湿地段；油松、圆柏等喜光树种则宜栽植于较干燥向阳的地方。无论是露天栽培还是温室大棚栽植，种植密度、盆花摆放密度要适宜，以利于通风透气。

在观赏植物的栽植中，为了保证美化的效果，往往是许多植物混植。这样做忽视了植物病害的相互传染，人为地造成某些病害的发生和流行。如海棠和圆柏、龙柏、铅笔柏等树种的近距离配置栽培，造成了海棠锈病的大发生；又如烟草花叶病毒能侵染多种花卉，在果树配景中，多种花卉的混栽加重了病毒病的发生。因此，在果树设计工作中，植物的配置不仅要考虑景观的美化效果，而且要考虑病害的问题。新建庭园时，应避免将有共同病害的树种、花草搭配在一起。

一般情况下病菌都有一定的寄主范围。将某些常发病害的寄主植物与非寄主植物进行一定年限轮作，可避免或减轻某些病害的发生与为害。如杨树育苗不宜重茬，宜与刺槐、松杉等轮作；毛白杨锈病与根癌病通过轮作，发病率可明显降低。温室中香石竹的多年连作，加重了镰刀菌枯萎病的发生，轮作可减轻病害的发生。轮作时间视具体病害而定，如鸡冠花实行2年轮作即可有效防治鸡冠花褐斑病，而防治孢囊线虫病则轮作时间要长。观赏植物苗圃最好实行3~4年的轮作。轮作是古老而有效的防病措施，轮作植物为非寄主植物，使病土中的病原物因找不到食物"饥饿"而死，从而降低病原物的数量。

四、改善植物生长的环境条件

合理的肥水管理不但能使植物健壮地生长，而且能增强植物的抗病能力。观赏植物应使用充分腐熟而又无异味的有机肥，以免污染环境，影响观赏。若使用无机肥，氮、磷、钾等营养成分的比例要合理配合，以防止出现缺素症。一般来说，大量使用氮肥，促使植物幼嫩组织大量生长，往往导致白粉病、锈病、叶斑病等的发生；适量地增加磷、钾肥，能提高寄主的抗病性，是防治某些病害的有利措施。

观赏植物的灌溉技术，无论是灌水的方法，还是浇水量、浇水时间等都影响着病害的发生。喷灌往往容易引起叶部病害的发生，最好采用沟灌、滴灌或沿盆钵边缘浇水，且浇水要适量。浇水时间要有选择，叶部病害发生时，浇水时间最好选择晴天的上午，以便及时降低叶片表面的湿度；收获前不宜大量浇水，以免推迟球茎等器官的成熟，或窖藏时因含水量大，造成烂窖等事故。多雨季节要及时做好排水工作。水分过大往往引起植物根部缺氧窒息，轻者植物生长不良，重则引起根部腐烂，尤其是肉质根等器官。

许多花卉是以球茎、鳞茎等器官越冬的，为了保障这些器官的健康贮存，要在晴天收获；在挖掘过程中尽量减少伤口；挖出后剔除有病的器官，并在阳光下暴晒几天方可入窖。贮窖必须预先清扫消毒，通风晾晒；入窖后要控制好温度和湿度，窖温一般控制在5℃左右，湿度控制在70%以下。球茎等器官最好单个装入尼龙网袋内悬挂在窖顶贮藏。

要注意合理调节栽植场圃中的温度和湿度，尤其是温室大棚内的栽培植物，要经常通风透气，降低湿度，以减少花卉灰霉病、叶斑病等常见病害的发生发展。种植密度、盆花摆放密度要适宜，以便通风透气。冬季温度、湿度要合适，不要忽冷忽热。

五、场圃卫生

场圃卫生是减少侵染来源的重要措施。要注意结合果树的抚育管理，合理修枝，及时剪除病、虫枝叶。场圃中的病残体或其他原因致死的植株要及时收集，并加以焚烧，或作深埋或化学药剂处理。生长季节中及时摘除有病枝叶，拔出病株，并对病土进行处理。园艺操作过程中要避免重复侵染，如摘心、切花时一定要防止工具和人手对病害的传带。

许多杂草是植物病害的野生寄主、贮主，如车前草等杂草是根结线虫的野生寄主。杂草寄主增加了某些病害病原物的来源，杂草丛生提高了植物小气候的湿度，有利于病原物的侵染，因此及时中耕除草可以减少病原。

第四节　生物防治

生物防治有广义和狭义之分。广义的生物防治是指利用一切生物手段防治病害，因而抗病育种也可以说是生物防治的一种方法。狭义的生物防治是指利用微生物防治植物病害，这是目前生物防治研究和讨论的范畴。生物防治现今多用于土壤传播的病害。生物防治不会破坏生态平衡，不污染环境，在病害防治中很有前途，应加强这方面的研究，将其用于生产。

一、生物防治的机制

生物防治的原理主要是利用微生物之间的拮抗作用而达到对病原物的杀灭或抑制。拮抗作用的机制是多方面的，主要包括竞争、抗生物质、重寄生、捕食及交叉保护等。

竞争指益菌和病原物在养分及空间上的竞争。由于益菌的优先占领，使病原物得不到立足的空间和营养源。如大隔孢伏革菌（*Peniophora gigarafea*）、放射野杆菌（*Agrobacterium radiobacter*）菌株 84 的防治机理。

抗生物质一些真菌、细菌、放线菌等微生物，在它们的新陈代谢过程中分泌抗生素，杀死或抑制病原物。这是目前生物防治研究的主要内容。如哈茨木霉（*Trichoderma harzianum*）分泌抗生素或一些挥发性物质，杀死、抑制茉莉白绢病菌（*Scfcrotinia rolfsii*）。又如菌根菌可分泌萜烯类等物质，对许多根部病害有拮抗作用。

重寄生指有益微生物寄生在病原物上，从而抑制了病原物的生长发育，达到防病的目的。如果树上的白粉菌常被白粉寄生菌属［*Ampelomyces*（= *Cicinnobolus*）］中的真菌所寄生，立枯丝核菌（*Rhizoctonia solani*）、尖孢镰刀菌（*Fusarium oxysporum*）等病原菌常被木霉属真菌所寄生。

捕食一些真菌、食肉线虫、原生动物能捕杀病原线虫；某些线虫也可以捕食植物病原真菌。

交叉保护寄主植物被病毒或某些真菌的无毒品系或低毒品系感染后，可增强寄主对强毒品系侵染的抗性，或不被侵染。如花木的一些病毒病的防治，先将弱毒品系接种到寄主上后，就能抑制强毒株的侵染。

益菌拮抗作用往往是综合的，如外生菌根真菌既能寄生在病原物上，又能分泌抗生物质，或与病原物竞争营养等。

二、生物防治的应用

在果树病害防治中，生物防治的实例很多，效果亦佳。有些生物防治已在生产中大面积推广。当然，大多数还处在田间和实验室试验研究阶段。

用放射野杆菌菌株 84 防治细菌性根癌病菌（*Agrobacterium tumefaciens*），是世界上有名的生物防治的成功事例，能防治 12 属植物中的上千种植物的根癌病。可用于种子、插条、裸根苗的处理。野杆菌放射菌株 84 是澳大利亚人 Kerr 于 1972 年发现的，4~6 年内在全世界推广。用它防治月季细菌性根癌病，防治效果达 78.5% ~ 98.8%。用枯草芽孢杆菌（*Bacillus subtilis*）防治香石竹茎腐病菌（*Fusarium graminearum*）等也是成功的实例。枯草芽孢杆菌还可以用来防治立枯丝核菌（*Rhizoctonia solani*）、齐整小菌核菌（*Sclerotinia rolfsii*）、腐霉菌（*Pythium*）等病菌引起的病害。木霉属的真菌常用于病害的防治，如哈茨木霉用于茉莉白绢病的防治，取得了良好的结果。绿色木霉（*T. viride*）制剂经常用来防治多种植物根部病害。植物线虫病害也可以进行生物防治。其中，用少孢节丛孢菌（*Artrotrys oligospora*）制剂防治线虫有效，药效长达 18 个月。

该产品已商品化。此外，用细菌、线虫防治线虫病的实例也不少。当然，用大隔孢伏革菌防治松白腐病菌（*Heterobasidion annosum*），也是世界闻名的生物防治实例。

第五节　物理防治

物理防治是通过热处理、机械阻隔、射线等方法防治植物病害。

一、种苗、土壤的热处理

任何生物，包括植物病原物都对热有一定的忍耐性，超过限度生物就要死亡。在果树病害防治中，热处理有干热及湿热两种。

有病苗木可用热风处理，温度为 35 ~ 40℃，处理时间 1 ~ 4 周；也可用 40 ~ 50℃ 的温水处理，浸泡时间为 10min 至 3h。如唐菖蒲球茎在 55℃ 水中浸泡可以防治镰刀菌干腐病；有根结线虫病的植物在 45 ~ 65℃ 的温水中处理（先在 30 ~ 35℃ 的水中预热 30min）可以防病，处理时间 0.5 ~ 2h，处理后的植株用凉水淋洗。

一些花木的病毒病是种子传播的，带毒种子可进行热处理。在热处理过程中种子只能有低的含水量，否则会受灼伤。种苗热处理的关键是温度和时间的控制。做某种病植物的热处理事先要进行实验。热处理时要缓慢升温，切忌迅速升温，应使植物有个适应温热的锻炼，一般从 25℃ 开始，每天升高 2℃，6~7 天后温度达到 37℃±1℃ 的处理温度。湿热处理休眠器官较安全。

现代温室土壤热处理是使用热蒸汽（90~100℃）处理时间为 30min。蒸汽处理可大幅度降低香石竹镰刀菌枯萎病、菊花枯萎病的发生。在发达国家中，蒸汽热处理已成为常规管理。

进行太阳能热处理土壤也是有效的措施。在 7—8 月将土壤摊平做垄，垄向为南北向。浇水后覆盖塑料薄膜（25μm 厚为宜），在覆盖期间保证有 10~15 天的晴天。耕作层温度高达 60~70℃，能基本上杀死土壤中的病原物。温室大棚中的土壤也可按此法处理。当夏季花木搬出温室后，将门窗全部关闭，土壤上覆盖塑料薄膜能较彻底地杀灭温室中的病原物。

二、机械阻隔

覆盖薄膜增产是有目共睹的，覆膜也能达到防病的目的。许多叶部病害的病原物是在植物残体上越冬的，花木栽培地早春覆膜可大幅度地减少叶病的发生，如芍药地覆膜后，芍药叶斑病成倍地减少。覆膜防病的原理是：膜对病原物的传播起了机械阻隔作用；覆膜后土壤温、湿度提高，加速病残体的腐烂，促进病原物的消亡，减少了侵染来源。

除此之外，人们也进行光生物学、超声波、辐射技术防病的研究，虽然都处在实验阶段，但都有开发价值。

第六节　外科治疗

部分果树，尤其是风景名胜区的古树名木，由于历经沧桑，多数树体遭到枝干病虫害的为害已形成大大小小的树洞和疮痕，甚至有的破烂不堪，濒临死亡的边缘。而这些古树名木是重要的历史文化遗产和旅游资源，不能像对待其他普通林木一样，采取伐除烧毁减少病虫源的措施。因此，对受损伤的树体实施外科手术治疗，使其保持原有的观赏价值，并健康地生长是十分必要的。

一、外部化学治疗

对于树干病害可采用"外科手术"与化学药剂相结合的方法。先用刮皮刀将病部刮去，然后涂上保护剂或防水剂，但不要覆盖形成层，以利组织愈合。或划割病斑后，再喷涂双效灵、甲基托布津等杀菌剂。

伤口保护剂最常用的是波尔多液，其配比是硫酸铜 1 份，生石灰 3 份，兽油 0.4 份，水 15 份。配制时，先将水按 7∶8 分为 2 份，用 7 份水溶解硫酸铜，8 份水化解生石灰，然后将两液同时倒入第三个容器中，充分搅拌，再加入兽油即成。其他伤口保护剂还有煤焦油和接蜡。煤焦油对树皮有药害，不宜用于薄皮树种上；接蜡能抑制伤口蒸发，帮助愈合，但无杀菌作用，而且易脱落，所以只能作临时保护剂，其配比是松脂 4 份，蜂蜡 2 份，兽油 0.5~1 份。配制时，先将兽油放在锅内熔化，再放入蜂蜡，熔化后，将研碎的松脂粉末慢慢加入搅匀即成。

二、表皮损伤和树洞的修补

表皮损伤修补是指树皮损伤面积直径在 10cm 以上的伤口的治疗。基本方法是用高分子化合物——聚硫密封剂封闭伤口。

一般做法是：先对树体上的伤疤进行清洗，并用 30 倍的硫酸铜溶液喷涂 2 次（间隔 30min）。晾干后密封（气温 23℃±2℃时密封效果好）。最后在损伤处粘贴原树皮进行外表装饰。

树洞的修补主要包括清理、消毒和树洞的填充。首先把树洞内积存的杂物全部清除，并刮除洞壁上的腐烂层，用 30 倍的硫酸铜喷涂 2 遍（间隔 30min）。如果洞壁上有虫孔，可向虫孔内注射杀虫剂，可用药剂有 40% 氧化乐果 50 倍液。树洞清理干净、消毒后，树洞边材完好时，使用假填充法修补，即先在洞口上固定钢板网，再在网上铺 10～15cm 厚的 107 水泥砂浆（砂：水泥：107 胶：水 = 4：2：0.5：1.25），外层再用聚硫密封剂密封，最后再粘贴上原树皮。如果树洞大，边材受损时，则采用实心填充，即在树洞中央立硬杂木树桩或用水泥柱作支撑物，在其周围固定填充物。填充物和洞壁之间的距离以 5cm 左右为宜，树洞灌入聚胺脂，把树洞内的填充物与洞壁粘连成一体，再用聚硫密封剂密封，最后粘贴树皮，修饰的基本原则是随坡就势，因树作形，修旧如故，古朴典雅。

第七节　化学防治

化学防治是指用化学药剂来防治病、虫、螨类、线虫、杂草及其他有害生物的一种方法。具有快速、高效，使用方法简单，不受地域限制，便于大面积机械化操作等优点。当病害大发生时，化学防治可能是唯一的有效方法。今后相当长时期内化学防治仍然会占重要的地位。但其缺点是容易引起人畜中毒，污染环境，杀伤天敌，引起病菌产生不同程度的抗药性等。对于这些缺点，未来可通过发展选择性强、高效、低毒、低残留的农药，改变施药方式、减少用药次数等逐步加以解决。

一、杀菌剂的使用方法

杀菌剂的品种繁多，加工剂型也多种多样，防治对象的寄生部位、为害方式、环境条件也不尽相同，因此，使用方法也有多种。常用的方法如下。

（一）喷雾

喷雾是借助于喷雾器械将药液均匀地喷布于防治对象及被保护的寄主植物上，是目前生产上应用最广的一种方法。适合于喷雾的剂型有乳剂、可湿性粉剂、可溶性剂等。在进行喷雾时，雾滴大小可影响防治效果，一般地面喷雾直径最好为 $50 \sim 80\mu m$，喷雾时要求均匀周到，使目标物上均匀地有一层雾滴，并且不形成水流从叶子上滴下为宜。喷雾时最好不要选择中午，以免发生药害和人体中毒现象。

（二）喷粉

喷粉是利用喷粉器械产生的风力，将粉剂均匀地喷布在目标植物上的施药方法，此法最适于干旱缺水地区使用。适于喷粉的剂型为粉剂。此法的缺点是用药量大，粉剂黏附性差，效果不如同药剂的乳油和可湿性粉剂好，而且易被风吹失和雨水冲刷，污染环境。因此，喷粉时，宜在早晚叶面有露水或雨后叶面潮湿静风条件下进行，使粉剂在叶面易沉积附着，提高防治效果。

（三）土壤处理

土壤处理是将药粉用细土、细沙、炉灰等混合均匀，撒施于地面，或将药液浇淋土表，然后进行耧耙翻耕等，主要用于土壤消毒及防治土传病害。

（四）种苗处理

种苗处理有以下几种方法。

拌种。在播种前用一定量的药粉或药液与种子搅拌均匀，用以防治种子传染的病害。拌种用的药量，一般为种子重量的0.2%~0.5%。

浸种和浸苗。将种子或幼苗浸泡在一定浓度的药液里，用以消灭种子、幼苗所带的病菌。

闷种。把种子摊在地上，把稀释好的药液均匀地喷洒在种子上，并搅拌均匀，然后堆起重闷并用麻袋等物覆盖，经1昼夜后，晾干即可。

（五）熏蒸

熏蒸是利用有毒气体来杀死病菌的方法，一般应在密闭条件下进行。主要用于防治温室、仓库和种苗上的病菌。

（六）注射

用注射机或兽用注射器将内吸性药剂注入树干内部，使其在树体内传导运输而防治病害。打孔法是用木钻、铁钎等利器在树干基部向下打一个45°的孔，深约5cm，然后将5~10ml的药液注入孔内，再用泥封口。对于树势衰弱的古树名木，也可用注射法给树体挂吊瓶，注入营养物质，以增强树势。

总之，农药的使用方法很多，在使用农药时可根据药剂的性能及病害的特点灵活运用。

二、农药的合理使用

农药的合理使用就是要贯彻"经济、安全、有效"的原则，从综合治理的角度出发，运用生态学的观点来使用农药。在生产中应注意以下几个问题。

（一）对症下药

各种药剂都有一定的性能及防治范围，即使是广谱性杀菌剂也不可能对所有的病害都有效。因此，在施药前应正确诊断病害，根据实际情况选择合适的药剂品种、使用浓度及用量。

切实做到对症下药，避免盲目用药。

（二）　适时用药

在调查研究和预测预报的基础上，掌握病害的发生发展规律，抓住有利时机用药。既可节约用药，又可提高防治效果，而且不易发生药害。防治病害时，可考虑在冬季消灭病原，或在生长季节初期孢子萌发阶段用药，同时还要注意气候条件及物候期。

（三）　交互用药

长期使用同一种农药防治一种病菌，易使病菌产生抗药性，降低防治效果。因此，应尽可能地轮回用药，所用农药品种应尽量选用不同作用机制的农药。

（四）　混合用药

将两种或两种以上的对病虫害具有不同作用机制的农药混合使用，以达到同时兼治几种病虫，提高防治效果，扩大防治范围，节省劳动力的目的。农药之间能否混用，主要取决于农药本身的化学性质。农药混合后它们之间不产生化学和物理变化，才可以混用。

（五）　安全用药

安全用药包括防止人畜中毒、环境污染和植物药害。生产上应准确掌握用药量、讲究施药方法，注意天气变化，施药者要做好防护措施并严格遵守农药使用规定。

第二章 苹果病虫害

我国是世界苹果生产的第一大国，栽培面积约为 200 万 hm^2，总产量已达 2 700万 t，分别占世界苹果总面积和总产量的 46% 和 39%，均居世界首位。

第一节 苹果轮纹病

苹果轮纹病又称粗皮病、轮纹烂果病，分布在我国各苹果产区，以华北、东北、华东果区为重。一般果园发病率为 20%～30%，重者可达 50% 以上（图 2-1）。

【症状】主要为害枝干和果实，有时也为害叶片。病菌侵染枝干，多以皮孔为中心，初期出现水渍状的暗褐色小斑点，逐渐扩大形成圆形或近圆形褐色瘤状物。病部与健部之间有较深的裂纹，后期病组织干枯并翘起，中央凸起处周围出现散生的黑色小粒点。

【防治方法】及时刮除病斑（图 2-2）：刮除枝干上的病斑是一个重要的防治措施。一般可在发芽前进行，刮除病斑后涂 70%甲基硫菌灵可湿性粉剂 1 份加豆油或其他植物油 15 份涂抹即可。5—7 月可对病树进行重刮皮。发芽前可喷一次 2～3 波美度石硫合剂或 5%菌毒清水剂 30 倍液，刮病斑后喷药效果更好。

图 2-1　苹果轮纹病为害果实情况

图 2-2　苹果发芽前轮纹病为害情况

第二节　苹果炭疽病

苹果炭疽病在全国各地均有发生，以黄淮及华北地区发生较重。在 20 世纪 60—70 年代，主栽的品种"国光"发病率常达 20%~40%，是重要果实病害。80 年代以后，因为较抗病品种新红星系和富士系陆续大量投产，该病的发病率有所下降（图 2-3）。

图 2-3　苹果炭疽病为害情况

【症状】主要为害果实，也为害枝条。果实发病，初期果面出现淡褐色圆形小斑点，逐渐扩大，软腐下陷，腐烂果肉剖面呈圆锥状向果心扩展。病斑表面逐渐出现黑色小点，隆起，排列成轮纹状，潮湿时突破表皮涌出粉红色黏稠液状物（图 2-4、图 2-5）。

【防治方法】在果树发芽前喷洒三氯萘醌 50 倍液、5%~10%重柴油乳剂、65%五氯酚钠可溶性粉剂 150 倍液或二硫基邻甲酚钠 200 倍液，可有效铲除树体上宿存的病菌。

生长期一般从谢花后 10 天的幼果期（5 月中旬）开始喷药，在果实生长初期喷施高脂膜乳剂 200 倍液，病菌开始侵染时，喷施第 1 次药剂。以后根据药剂残效期，每隔 15~20 天，连续喷 5~6 次。注意交替选择药剂。

在防治中应注意多种药剂的交替使用。在病害发生普遍时（图 2-6），应适当加大治疗剂的药量，可以施用：

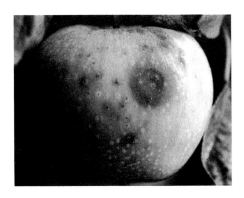

图 2-4　苹果炭疽病为害果实初期症状

图 2-5　苹果幼果期炭疽病为害症状

70%甲基硫菌灵可湿性粉剂 500~600 倍液；

50%异菌脲可湿性粉剂 500~600 倍液；

10%苯醚甲环唑水分散粒剂 2 000~2 500倍液；

25%溴菌腈乳油 300~500 倍液；

25%咪鲜胺乳油 750~1 000倍液；

12.5%腈菌唑可湿性粉剂 2 500 倍液；

图 2-6 苹果果实膨大期炭疽病为害症状

50%多·霉威（多菌灵·乙霉威）可湿性粉剂 1 000~1 500 倍液；

5%菌毒清水剂 400~500 倍液+20%多·戊唑（多菌灵·戊唑醇）可湿性粉剂 1 000~1 500倍液，在防治中应注意多种药剂的交替使用，发病前注意与保护剂混用。

第三节　苹果斑点落叶病

苹果斑点落叶病在各苹果产区都有发生，以渤海湾和黄河故道地区受害较重。主要为害苹果叶片，是新红星等元帅系苹果的重要病害。造成苹果早期落叶，引起树势衰弱，果品产量和质量降低，贮藏期还容易感染其他病菌，造成腐烂（图2-7）。

【症状】主要为害叶片，也可为害幼果。叶片染病初期出现褐色圆点，其后逐渐扩大为红褐色，边缘紫褐色，病部中央常具一深色小点或同心轮纹。天气潮湿时，病部正反面均可长出

图2-7 苹果斑点落叶病田间为害状

墨绿色至黑色霉状物，即病菌的分生孢子梗和分生孢子。夏、秋季高温高湿，病菌繁殖量大，发病周期缩短，秋梢部位叶片病斑迅速增多，一片病叶上常有病斑 10~20 个，影响叶片正常生长，常造成叶片扭曲和皱缩，病部焦枯，易被风吹断，残缺不全（图2-8、图2-9）。

【防治方法】 在发芽前全树喷 5 波美度石硫合剂，可减少树体上越冬的病菌。

在发病前（5 月中旬左右落花后）开始喷下列药剂保护：

1：2：200 倍式波尔多液；

30%碱式硫酸铜胶悬剂 300~500 倍液；

80%福美双·福美锌可湿性粉剂 600 倍液；

75%百菌清可湿性粉剂 400~600 倍液；

78%波尔多液·代森锰锌可湿性粉剂 400~600 倍液，均匀喷施。

苹果生长前期，可根据当地气候条件确定喷药时间和喷药次数。如河北、河南从 5 月中旬落花后开始喷药，云南、

图2-8 苹果斑点落叶病为害叶片初期症状

四川等地，一般在4月中旬开始喷药，间隔10~15天连喷3~4次。

图2-9 苹果斑点落叶病为害初期症状

20%戊唑醇·多菌灵可湿性粉剂1 000~1 000倍液；

25%代森锰锌·戊唑醇可湿性粉剂500~750倍液；

80%丙森锌·异菌脲可湿性粉剂800~1 000倍液，在防治中应注意多种药剂的交替使用。

果实发病初期病害发生较普遍时（图 2－10），应适当加大治疗剂的药量，可以施用下列药剂：

2%宁南霉素水剂 400~800 倍液；

1.5%多抗霉素可湿性粉剂 400 倍液；

70%甲基硫菌灵可湿性粉剂 600 倍液；

10%苯醚甲环唑水分散粒剂 2 000~2 500倍液；

50%多·霉威（多菌灵·乙霉威）可湿性粉剂 1 000~1 500 倍液；

5%己唑醇悬浮剂 1 000倍液；

25%嘧菌酯悬浮剂 1 500~2 500倍液；

50%异菌脲可湿性粉剂 800~1 500倍液；

20%多·戊唑（多菌灵·戊唑醇）可湿性粉剂 1 000~1 500 倍液。

图 2－10　苹果斑点落叶病果实发病初期症状

在防治中应注意多种药剂的交替使用，发病前注意与保护剂混合使用。喷药时一定要周到细致，使整株叶片的正反两面均匀着药，增加喷药液量，达到淋洗程度。

第四节　苹果褐斑病

苹果褐斑病又称绿缘褐斑病，是引起苹果树早期落叶的最重要病害之一，全国各苹果产区均有发生（图2-11）。

图2-11　苹果褐斑病为害情况

【症状】主要为害叶片，严重时也可为害果实。叶上病斑初为褐色小点，以后发展成3种类型病斑。①同心轮纹型：病斑圆形，中心为暗褐色，四周为黄色，周围有绿色晕圈，病斑中出现黑色小点，呈同心轮纹状（图2-12），病斑背面暗褐色，有时老病斑的中央灰白色。②针芒型：病斑似针芒状向外扩展，病斑小，布满叶片，后期叶片渐黄，病斑周围及背部绿色。③混合型：病斑多为圆形或数斑连成不规则形，暗褐色，病斑上散生无数黑色小粒，边缘有针芒状索状物。后期病叶变黄，而病斑周围仍为绿色。

【防治方法】苹果褐斑病发病前期，注意用保护剂和适量的

图 2-12 苹果褐斑病同心轮纹型病斑初期症状

治疗剂混用。可以用下列药剂：

70%代森锰锌可湿性粉剂 500~800 倍液+70%甲基硫菌灵悬浮剂 800 倍液。

在大量叶片上出现病斑时（图 2-13），应及时进行治疗，

图 2-13 苹果褐斑病为害初期症状

可以施用下列药剂：

10%苯醚甲环唑水分散粒剂2 000～2 500倍液；

50%异菌脲可湿性粉剂1 000～1 500倍液；

50%腈菌·锰锌（腈菌唑·代森锰锌）可湿性粉剂800～1 000倍液；

12.5%腈菌唑可湿性粉剂2 500倍液等，在防治中应注意多种药剂的交替使用。

第五节　苹果腐烂病

苹果腐烂病主要发生在东北、华北、西北以及华东、中南、西南的部分苹果产区。其中黄河以北发生普遍，受害严重。大树发病株率多在20%～30%，重病园发病株率高达80%以上，因病死枝、死树的现象较为常见，是对苹果生产威胁很大的毁灭性病害（图2-14）。

图2-14　苹果腐烂病田间为害状

【症状】主要为害结果树的枝干，幼树、苗木及果实也可受害。枝干症状有两类：①溃疡型：多在主干分叉处发生，初期病部为红褐色，略隆起，呈水渍状湿腐，组织松软，病皮易于剥离，有酒糟气味。后期病部失水干缩，下陷，硬化，变为黑褐色，病部表面产生许多小凸起，顶破表皮露出黑色小粒点（图2-15）。②枝枯型：多发生在衰弱树上，病部红褐色，水渍状，不规则形，迅速蔓延至整个枝条，终使枝条枯死。果实症状：病斑红褐色，圆形或不规则形，有轮纹，边缘清晰。病组织腐烂，略带酒糟气味。潮湿时亦可涌出黄色细小卷丝状物。

图2-15　苹果腐烂病溃疡型病斑症状

【防治方法】春季3—4月发病高峰之际（图2-16），结合刮粗翘皮，检查刮治腐烂病3次左右。刮治的基本方法是用快刀将病变组织及带菌组织彻底刮除，刮后必须涂药并妥善保护伤口。刮治必须达到以下标准：一要彻底，不但要刮净变色组织，而且要刮去0.5cm左右的好组织；二要光滑，即刮成梭形，不留死角，不拐急弯，不留毛茬，以利伤口愈合；三要表面涂药，可用下列药剂：

10波美度石硫合剂；

3%抑霉唑膏剂200~300g/m²；

1.8%辛菌胺醋酸盐水剂18~36倍液；

3.315%甲基硫菌灵·萘乙酸原液涂抹剂。

图2-16　苹果腐烂病为害初期症状

在果树旺盛生长期，我国各地，以5—7月刮皮最好，此时树体营养充分，刮后组织可迅速愈合。刮皮的方法是，用刮皮刀将主干、主枝、大的辅养枝或侧枝表面的粗皮刮干净，露出新鲜组织，使枝干表面呈现绿一块、黄一块。一般深度可达0.5~1mm，若遇到变色组织或小病斑，则应彻底刮干净。

入冬前，要及时涂白，防止冻害及日灼伤，涂白所用的生石灰、20波美度石硫合剂、食盐及水的比例一般为6：1：1：18。如在其中加少量动物油可防止涂白剂过早脱落。涂白剂配方：①桐油或酚醛1份；②水玻璃2~3份；③石灰2~3份；④水5~7份。将前两种混合成药液I，后两种混合成药液II，再将药液II倒入药液I中，搅拌均匀即可。

第六节　苹果花叶病

【**症状**】主要表现在叶片上，症状比较复杂。①轻花叶型：病叶上仅出现黄色斑点。叶形正常（图2-17）。②重花叶型：叶片上出现大型褪绿斑区，鲜黄色，后为白色，幼叶沿叶脉变色，老叶上常出现大型坏死斑。③沿叶脉变色型：主脉及侧脉变色，脉间多小黄斑，有时有坏死斑，落叶较少。④条斑型：病叶沿叶脉失绿黄化，并延及附近的叶肉组织。有时仅主脉及支脉发生黄化，变色部分较宽；有时主脉、支脉、小脉都呈现较窄的黄化，使整叶呈网纹状。⑤环斑型：病叶上产生鲜黄色环状或近环状斑纹，环内仍呈绿色。

图2-17　苹果花叶病轻花叶型后期症状

【**防治方法**】选用无病毒接穗和实生砧木，采集接穗时一定要严格挑选健株。在育苗期加强苗圃检查，发现病苗及时拔除销毁。对病树应加强肥水管理，增施农家肥料，适当重修剪。

干旱时应灌水，雨季注意排水。大树轻微发病的，增施有机肥，适当重剪，增强树势，减轻为害。

第七节　苹果银叶病

【症状】主要表现在叶片和枝干。病叶呈淡灰色，略带银白色光泽（图2-18、图2-19）。病菌侵入枝干后，菌丝在木质部中扩展，向上可蔓延至一二年生枝条，向下可蔓延到根部、使病部木质部变为褐色，较干燥，有腥味，但组织不腐烂。在一株树上，往往先从一个枝上表现症状，以后逐渐增多，直至全株叶片变成"银叶"。银叶症状越严重，木质部变色也越严重。在重病树上，叶片上往往沿叶脉发生褐色坏死条点，用手指搓捻，病叶表皮易碎裂、卷曲。

图2-18　苹果银叶病为害叶片初期症状

【防治方法】用蒜泥防治：在每年的5—7月，选择紫皮大

图 2-19　苹果银叶病为害叶片后期症状

蒜，去皮，在器皿中捣烂成泥。用钻头从患银叶病的主干基部开始向上打孔，每隔 15~20cm 打 5~6 个孔，深度以穿过髓部为宜。把蒜泥塞入孔内，将孔洞塞满，但不要超出形成层，以防烧烂树皮，然后用泥土封口，再用塑料条把孔口包紧。采用此法治疗苹果中前期银叶病，治愈率可达 90%以上。

第八节　苹果黑星病

【症状】 主要为害叶片和果实。叶片发病，病斑先从叶正面发生，也可从叶背面先发生；初为淡黄绿色的圆形或放射状，后逐渐变褐，最后变为黑色，周围有明显的边缘，老叶上更为明显；幼嫩叶片上，病斑为淡黄绿色，边缘模糊，表面着生绒状霉层（图 2-20）。

【防治方法】 发芽前，在地面喷洒 0.5%二硝基邻甲酸钠或 4 ∶ 4 ∶ 100 倍式波尔多液，以杀死病叶内的子囊孢子。

于 5 月中旬花期后发病之前，开始喷洒下列药剂：

1 ∶（2~3） ∶ 160 倍式波尔多液；

53.8%氢氧化铜干悬浮剂 1 000 倍液；

图 2-20　苹果黑星病为害叶片正面症状

70%代森锰锌可湿性粉剂 800 倍液等，间隔 10~15 天防治1 次。

在发病初期，可以用下列药剂：

70%代森锰锌可湿性粉剂 800 倍液+50%苯菌灵可湿性粉剂800 倍液；

70%代森锰锌可湿性粉剂 800 倍液+70%甲基硫菌灵可湿性粉剂 800 倍液。

在发病较普遍时，可以用下列药剂：

40%氟硅唑乳油 8 000~10 000倍液；

12.5%烯唑醇可湿性粉剂 800~1 000倍液；

70%甲基硫菌灵可湿性粉剂 1 000倍液。

第九节　苹果锈果病

【症状】主要表现于果实，其症状可分为 3 种类型。①锈果型（图 2-21）：发病初期在果实顶部产生深绿色水渍状病斑，逐渐沿果面纵向扩展，发展成为规整的木栓化铁锈色病斑。锈斑组织仅限于表皮。随着果实的生长而发生龟裂，果面粗糙，果实变成凹凸不平的畸形果。②花脸型：病果着色前无明显变化，着色后，果面散生许多近圆形的黄绿色斑块，致使红色品种成熟后果面呈红、黄、绿相间的花脸症状。③混合型：病果表面有锈斑和花脸复合症状。病果着色前，多在果实顶部产生明显的锈斑，或于果面散生锈色斑块；着色后，在未发生锈斑的果面或锈斑周围产生不着色的斑块呈花脸状。

图2-21 苹果锈果病锈果型后期症状

【防治方法】药剂防治：把韧皮部割开"门"形，上涂50万单位四环素或150万单位土霉素、150万单位链霉素，然后用塑料膜绑好，可减轻病害的发生。

根部插瓶。病树树冠下面东南西北各挖一个坑，各坑寻找直径0.5~1cm的根切断，插在已装好宁南霉素、新植霉素、乙蒜素、四环素、土霉素、链霉素150~200mg/kg的药液瓶里，然后封口埋土，于4月下旬、6月下旬、8月上旬各治疗1次，共治3次有明显防效。

第十节　苹果锈病

【**症状**】主要为害叶片，也能为害嫩枝、幼果和果柄。叶片初患病时正面出现油亮的橘红色小斑点，逐渐扩大，形成圆形橙黄色的病斑，边缘红色。发病严重时，一张叶片出现几十个病斑（图2-22）。

图2-22　苹果锈病为害叶片初期症状

【**防治方法**】在苹果树发芽前往桧柏等转主寄主树上喷洒药剂，消灭越冬病菌。可用下列药剂：

3~5波美度石硫合剂；

0.3%五氯酚钠100倍液。

展叶后，在瘿瘤上出现的深褐色舌状物未胶化之前喷第1次药。在第1次喷药后，如遇降雨，则雨后要立即喷第2次药，隔10天后喷第3次药。可用下列药剂喷施：

50%多菌灵可湿性粉剂600~1 000倍液+80%代森锰锌可湿性粉剂500~800倍液；

15%三唑酮可湿性粉剂1 000~2 000倍液；

20%萎锈灵乳油1 500~3 000倍液；

25%邻酰胺悬浮剂 1 800~3 000倍液；

65%代森锌可湿性粉剂 500 倍液+50%甲基硫菌灵可湿性粉剂 600~800 倍液；

70%代森锰锌可湿性粉剂 800 倍液+25%丙环唑乳油 4 000倍液，在药剂中加入 3 000倍的皮胶，效果更好。

第十一节　苹果绵蚜

在苹果园中蚜虫为害比较严重，分布比较普遍的蚜虫主要有 3 种，即苹果黄蚜、苹果瘤蚜、苹果绵蚜，其中苹果绵蚜危害最大。

【症状与规律】苹果绵蚜以一至二龄若蚜在苹果树干裂缝、伤疤、剪锯口、一年生枝芽侧以及根茎基部等处越冬。第二年 4 月，越冬若蚜开始活动，气温达 11℃以上时开始扩散，迁移至嫩枝上的叶腋、嫩芽基部为害，以孤雌胎生的方式大量繁殖无翅雌蚜。5 月下旬至 7 月上旬为全年繁殖高峰期，大量幼蚜向树冠外围新梢扩散蔓延（图 2-23）。

图 2-23　苹果绵蚜

为害严重时，枝干的伤疤边缘和新梢叶腋等处都是蚜群，被害部肿胀成瘤。7—8月气温较高，不利于绵蚜繁殖，同时寄生性天敌日光蜂的数量剧增，使虫口减少，种群数量下降。9月下旬以后气温降低，天敌减少，苹果绵蚜数量又开始回升，出现第二次为害高峰。进入11月气温降至7℃以下时，若蚜陆续进入越冬休眠。

苹果绵蚜还可为害根部，浅层根上蚜量大，根部受害形成根瘤，使根坏死。一般沙土地果园，根部受害严重。

【防治方法】

（1）加强检疫。不从苹果绵蚜发生区调运苗木、接穗。从外地调进的苗木、接穗要进行严格的检疫和处理。

（2）早春防治。苹果树萌芽前，彻底刮除老树皮，剪除蚜害枝条，并集中烧毁。

（3）保护利用天敌。苹果绵蚜的天敌有七星瓢虫、异色瓢虫、草蛉、日光蜂等，其中以日光蜂的控制作用最强，7—8月寄生率可达80%左右。对这些天敌应加以保护与利用。

（4）药剂防治。清园可用40%安民乐乳油1 000~1 500倍液喷施；生长期可用吡虫啉1 000倍液或25%吡蚜酮可湿性粉剂5 000倍液进行防治。

第十二节　苹果斑须蝽

苹果蝽类害虫主要有斑须蝽，别名细毛蝽、臭大姐、黄褐蝽、斑角蝽、节须蚁，它们以成虫、若虫吸取寄主植物汁液，造成落蕾、落花，茎叶被害后，出现黄褐色斑点，严重时叶片卷曲，嫩茎凋谢，影响生长，减产减收。

【形态特征】成虫体长8.0~13.5mm，宽4.5~6.5mm，略呈椭圆形，黄褐或紫色，密被白色绒毛和黑色小刻点（图2-24）。触角5节、丝状，黑黄相间，小盾片长三角形，末端钝而光滑，淡黄或黄白色。卵长筒状、橘黄色。若虫体长9mm左

图 2-24　苹果斑须蝽

右，暗灰褐色，密布绒毛和刻点。触角 4 节。初孵若虫体黑色。

【生活史及习性】在云南省年发生 3 代。以成虫在杂草、枯枝落叶下、植物根际、树皮缝、土缝、石缝及屋檐下越冬，翌年寄主植物发芽开始活动，3 月中旬交尾产卵，卵期 10 余天。

4 月初第一代成虫羽化，5 月中旬为产卵盛期，5 月中下旬至 6 月上旬第二代若虫开始孵化，7 月中旬羽化为成虫，8 月产生第三代；11 月上中旬陆续越冬。发生早的可发生第三代。卵多产于叶片正面、嫩头、花蕾、苞片和麦穗上，果树上主要产于叶片上。成虫白天活动，飞行力较强，成虫和若虫受惊扰时分泌臭液。

【防治方法】

（1）及时冬耕和清理园地，以消灭部分越冬成虫。

（2）在田间发现卵块应及时摘除。

（3）使用灭杀毙乳油 4 000 倍液喷雾防治，或用 2.5% 保得乳油 3 000 倍液喷雾防治，或用 50% 辛氰乳油 3 000 倍液喷雾防治，或用 50% 高效氯氰菊酯乳油 3 000 倍液喷雾防治，或用功夫菊酯乳油 3 000 倍液喷雾防治。

第三章　梨树病虫害

　　梨是我国主要的果树之一，其栽培面积、产量均居世界第一位。据统计，我国梨树面积有 100 万 hm^2，产量 1 300 万 t，仅次于苹果、柑橘，居第三位。

第一节　梨黑星病

　　梨黑星病在我国北方梨区普遍发生，以辽宁、河北、山东、山西及陕西等省发生较重，在南方各梨区其为害也在逐年加重。为害果实，使之失去商品价值；为害叶片，导致早期落叶，严重削弱树势。

　　【症状】能够侵染所有的绿色幼嫩组织，其中，以叶片和果实受害最为常见。刚展开的幼叶最易感病，先在叶背面的主脉和支脉之间出现黑绿色至黑色霉状物，不久在霉状物对应的正面出现淡黄色病斑，严重时叶片枯黄、早期脱落（图 3-1、图 3-2）。叶脉和叶柄上的病斑多为长条形中部凹陷的黑色霉斑，严重时叶柄变黑，叶片枯死或叶脉断裂。叶柄受害引起早期落叶（图 3-3）。幼果发病，果柄或果面形成黑色或墨绿色的圆斑，导致果实畸形、开裂，甚至脱落（图 3-4）。成果期受害，形成圆形凹陷斑，病斑表面木栓化、开裂，呈"荞麦皮"，病斑淡黄绿色，稍凹陷，上生稀疏的霉层。枝干受害，病梢初生梭形病斑，布满黑霉。后期皮层开裂呈疮痂状。病斑向上扩展可使叶柄变黑。病梢叶片初变红，再变黄，最后干枯，不易脱落。

图 3-1　梨黑星病为害叶片初期症状

图 3-2　梨黑星病为害叶片中期叶背症状

【防治方法】梨树萌芽前喷施 1~3 波美度石硫合剂或用硫

图 3-3　梨落花后黑星病为害早期症状

图 3-4　梨黑星病幼果发病初期症状

酸铜 10 倍液进行淋洗式喷洒，或在梨芽膨大期用 0.1% ~ 0.2% 代森铵溶液喷洒枝条。

梨芽萌动时喷洒保护剂预防病害发生，可用下列药剂：

50% 多·福（多菌灵·福美双）可湿性粉剂 400~600 倍液；

80% 代森锰锌可湿性粉剂 700 倍液；

75% 百菌清可湿性粉剂 800 倍液；

50% 多菌灵可湿性粉剂 600 倍液；

50% 甲基硫菌灵·代森锰锌可湿性粉剂 600~900 倍液；

61%三乙膦酸铝·代森锰锌可湿性粉剂 300~500 倍液；

30%碱式硫酸铜悬浮剂 350~500 倍液。

花前、落花后幼果期，雨季前，梨果成熟前 30 天左右是防治该病的关键时期。各喷施 1 次药剂。可用药剂有：

80%代森锰锌可湿性粉剂 700 倍液+50%醚菌酯水分散粒剂 4 000~5 000倍液；

75%百菌清可湿性粉剂 800 倍液+10%苯醚甲环唑水分散粒剂 2 000~3 000倍液；

5%己唑醇悬浮剂 1 000~1 500倍液；

50%苯菌灵可湿性粉剂 750~1 000倍液；

47%烯唑醇·甲基硫菌灵可湿性粉剂 1 500~2 000倍液；

15%烯唑醇·福美双悬浮剂 800~1 200倍液；

32.5%代森锰锌·烯唑醇可湿性粉剂 400~600 倍液；

33%代森锰锌·三唑酮可湿性粉剂 800~1 200倍液；

62.5%代森锰锌·腈菌唑可湿性粉剂 400~600 倍液；

50%氯溴异氰尿酸可溶粉剂 800~1 000倍液；

0.3%苦参碱水剂 600~800 倍液；

20%腈菌唑·福美双可湿性粉剂 1 000~1 500倍液；

21%氟硅唑·多菌灵悬浮剂 2 000~3 000倍液；

65%二氰蒽醌·代森锰锌可湿性粉剂 500~750 倍液；

65%苯醚甲环唑·甲基硫菌灵可湿性粉剂 600~900 倍液；

10%苯醚甲环唑水分散粒剂 6 000~7 000倍液；

40%氟硅唑乳油 8 000~10 000倍液；

50%醚菌酯水分散粒剂 3 000~5 000倍液；

43%戊唑醇悬浮剂 3 000~4 000倍液；

30%氟菌唑可湿性粉剂 3 000~4 000倍液；

40%腈菌唑可湿性粉剂 8 000~10 000倍液；

25%吡唑醚菌酯乳油 1 000~3 000倍液；

20%邻烯丙基苯酚可湿性粉剂 600~1 000倍液；

5%亚胺唑可湿性粉剂1 000~1 200倍液；

6%氯苯嘧啶醇可湿性粉剂1 000~1 500倍液；

30%多·烯（多菌灵·烯唑醇）可湿性粉剂1 000~1 500倍液；

12.5%烯唑醇可湿性粉剂2 500~3 000倍液；

25%联苯三唑醇可湿性粉剂1 000~1 250倍液等，为了增加展着性，可加入0.03%皮胶或0.1% 6501辅剂。

第二节　梨黑斑病

梨黑斑病是梨树常见病害，主要为害日本梨，也是贮藏期主要病害之一。全国普遍发生，以南方发生较重。发病后引起大量裂果和早期落果，造成很大损失（图3-5）。

图3-5　梨黑斑病为害情况

【**症状**】主要为害果实、叶片及新梢。病叶上开始时产生针头大、圆形、黑色的斑点，后斑点逐渐扩大成近圆形或不规则形，中心灰白色，边缘黑褐色，有时微现轮纹（图3-6、图3-

7）。潮湿时，病斑表面遍生黑霉。果实染病，初在幼果面上产生一个至数个黑色圆形针头大斑点，逐渐扩大成近圆形或椭圆形。病斑略凹陷，表面遍生黑霉。果实长大时，果面发生龟裂，裂隙可深达果心，在裂缝内也会产生很多黑霉，病果往往早落。新梢病斑黑色，椭圆形，稍凹陷，后期变为淡褐色溃疡斑，与健部分界处产生裂纹。

图3-6　梨黑斑病为害叶片初期症状

图3-7　梨黑斑病为害叶片中期症状

【防治方法】可于梨树发芽前喷药保护，3月上中旬，喷1次0.3%~0.5%五氯酚钠+5波美度石硫合剂、65%五氯酚钠100~200倍液，以消灭枝干上越冬的病菌。

在果树生长期，一般在落花后至幼果期（图3-8），即在4月下旬至7月上旬喷药保护，可以用下列药剂：

65%代森锌可湿性粉剂500~600倍液；

75%百菌清可湿性粉剂800倍液；

80%敌菌丹可溶性粉剂1 000~1 200倍液；

86.2%氧化亚铜干悬浮剂800倍液；

80%代森锰锌可湿性粉剂700倍液，间隔10天左右，共喷药2~3次。

图3-8 梨开花后黑斑病为害叶片早期症状

如果套袋，套袋前必须喷1次，开花前和开花后各喷1次。可用药剂有：

50%异菌脲可湿性粉剂800~1 500倍液；

80%代森锰锌可湿性粉剂700倍液+10%苯醚甲环唑水分散粒剂6 000倍液；

80%代森锰锌可湿性粉剂700倍液+50%多菌灵可湿性粉剂800倍液；

70%甲基硫菌灵可湿性粉剂800~1 000倍液+80%敌菌丹可

溶性粉剂 600~800 倍液；

75%百菌清可湿性粉剂 800 倍液+70%甲基硫菌灵可湿性粉剂 700 倍液；

50%苯菌灵可湿性粉剂 1 500~1 800倍液；

50%嘧菌酯水分散粒剂 5 000~7 000倍液；

25%吡唑醚菌酯乳油 1 000~3 000倍液；

12.5%烯唑醇可湿性粉剂 2 500~4 000倍液；

24%腈苯唑悬浮剂 2 500~3 000倍液；

40%腈菌唑水分散粒剂 6 000~7 000倍液；

25%戊唑醇水乳剂 2 000~2 500倍液；

1.5%多抗霉素可湿性粉剂 200~500 倍液。

第三节　梨轮纹病

【症状】主要为害枝干和果实，有时也可为害叶片。枝干受害，以皮孔为中心先形成暗褐色瘤状突起，病斑扩展后成为近圆形或扁圆形暗褐色坏死斑（图3-9、图3-10）。翌年病斑上产生许多黑色小粒点，病部与健部交界处产生裂缝。连年扩展，形成不规则的轮纹状。果实病斑以皮孔为中心，初为水渍状浅褐色至红褐色圆形腐烂病斑，在病斑扩大过程中逐渐形成浅褐色与红褐色至深褐色相间的同心轮纹。叶片病斑初期近圆形或不规则形，褐色，略显同心轮纹。气温较高时使整个果实软化腐烂，流出茶褐汁液，并散发出酸臭的气味，最后烂果可干缩，变成黑色僵果。叶片上病斑近圆形，有明显同心轮纹，褐色。后期色泽较浅，有黑色小粒点。

6月下旬最易感病，8月多雨时，采收前仍可受到明显侵染。当气温在20℃以上，相对湿度在75%以上或降雨量达10mm时，或连续下雨3~4天，病害传播快。肥料不足、树势弱、虫害重，均发病重。

图 3-9　梨轮纹病为害枝干中期症状

图 3-10　梨轮纹病为害枝干后期症状

【防治方法】发芽前将枝干上轮纹病斑（图 3-11）的变色组织彻底刮干净，然后喷布或涂抹铲除剂。病斑刮净后，涂抹下列药剂均有明显的治疗效果：0.3%~0.5%的五氯酚钠和3~5波美度石硫合剂混合液，5%菌毒清水剂100倍液，可杀死部分越冬病菌。

图3-11 梨树萌芽前期轮纹病为害症状

发病前主要施用保护剂以防止病害侵染，可以用下列药剂：

80%代森锰锌可湿性粉剂700倍液；

80%敌菌丹可溶性粉剂1 000~1 200倍液；

50%多菌灵可湿性粉剂500~800倍液；

75%百菌清可湿性粉剂800倍液等，间隔7~14天防治1次。

果树生长期，喷药的时间是从落花后10天左右（5月上中旬）开始，到果实膨大为止（8月上中旬）。一般年份可喷药4~5次、即5月上中旬、6月上中旬（麦收前）、6月中下旬（麦收后）、7月上中旬、8月上中旬（图3-12）。如果早期无雨，第1次可不喷，如果雨季结束较早，果园轮纹病不重，最后1次亦可不喷。雨季延迟，则采收前还要多喷1次药。可用下列药剂：

65%代森锌可湿性粉剂 500～600 倍液+70%甲基硫菌灵可湿性粉剂 800 倍液；

4%嘧啶核苷类抗生素水剂 600～800 倍液；

图 3-12　梨果实膨大期轮纹病为害果实症状

80%敌菌丹可湿性粉剂 1 000 倍液+50%苯菌灵可湿性粉剂 1 000 倍液；

75%百菌清可湿性粉剂 1 000 倍液+40%氟硅唑可湿性粉剂 8 000～10 000 倍液；

80%代森锰锌可湿性粉剂 600～800 倍液+6%氯苯嘧啶醇可湿性粉剂 1 000～1 500 倍液；

50%异菌脲可湿性粉剂 1 000～1 500 倍液；

60%噻菌灵可湿性粉剂 1 500～2 500 倍液；

50%嘧菌酯水分散粒剂 5 000～7 500 倍液；

25%戊唑醇水乳剂 2 000～2 500 倍液；

3%多氧霉素水剂 400～600 倍液；

1%中生菌素水剂 250~500 倍液；

35%多菌灵磺酸盐悬浮剂 600~800 倍液；

20%邻烯丙基苯酚可湿性粉剂 600~1 000倍液。

第四节　梨锈病

【症状】主要为害幼叶、叶柄、幼果及新梢。起初在叶正面发生橙黄色、有光泽的小斑点，后逐渐扩大为近圆形的病斑，中部橙黄色，边缘淡黄色，最外面有一层黄绿色的晕圈。天气潮湿时，其上溢出淡黄色黏液。病斑组织逐渐变肥厚，叶片背面隆起，正面微凹陷，在隆起部位长出灰黄色的毛状物。锈子器成熟后，先端破裂，散出黄褐色粉末。病斑以后逐渐变黑，病叶易脱落。幼果初期病斑大体与叶片上的相似。病果生长停滞，往往畸形早落（图 3-13）。转主寄主桧柏发病，起初在针

图 3-13　梨锈病为害幼果症状

叶、叶腋或小枝上出现淡黄色斑点，后稍隆起。在被害后的翌年 3 月，渐次突破表皮露出红褐色或咖啡色的圆锥形角状物，

为冬孢子角，在小枝上发生冬孢子角的部位，膨肿较显著。春雨后，冬孢子角吸水膨胀，成为橙黄色舌状胶质块，干燥时缩成表面有皱纹的污胶物。

【防治方法】病害发生初期（图3-14），可喷施下列药剂：
50%克菌丹可湿性粉剂400~500倍液；

图3-14　梨锈病为害初期症状

50%灭菌丹可湿性粉剂200~400倍液。

生长期喷药保护梨树，一般年份可在梨树发芽期喷第1次药，隔10~15天再喷1次即可；春季多雨的年份，应在花前喷1次，花后喷1~2次，每次间隔10~15天。可用药剂有：

20%三唑酮乳油800~1 000倍液+75%百菌清可湿性粉剂600倍液；

12.5%烯唑醇可湿性粉剂1 500~2 000倍液；

65%代森锌可湿性粉剂500~600倍液+40%氟硅唑乳油8 000倍液；

20%萎锈灵乳油 600~800 倍液+65%代森锌可湿性粉剂 500 倍液；

25%邻酰胺悬浮剂 500~800 倍液；

30%醚菌酯悬浮剂 2 000~3 000倍液；

25%肟菌酯悬浮剂 2 000~4 000倍液；

25%戊唑醇可湿性粉剂 1 000~1 500倍液；

6%氯苯嘧啶醇可湿性粉剂 1 000~1 500倍液；

2%嘧啶核苷类抗生素水剂 200~300 倍液。

第五节　梨褐腐病

【症状】只为害果实。在果实近成熟期发生，初为暗褐色病斑，逐步扩大，几天可使全果腐烂，斑上生黄褐色绒状颗粒呈轮状排列，表生大量分生孢子梗和分生孢子，病果果肉松软，呈海绵状略有弹性。树上多数病果落地腐烂，残留树上的病果变成黑褐色僵果（图 3-15 至图 3-17）。

图 3-15　梨褐腐病为害果实初期症状

【防治方法】落花后，病害发生前期，可用下列药剂：

50%噻菌灵可湿性粉剂 800 倍液；

图 3-16　梨褐腐病为害果实中期症状

图 3-17　梨褐腐病为害果实后期症状

70%甲基硫菌灵可湿性粉剂 800 倍液；

50%多菌灵可湿性粉剂 600~800 倍液；

50%苯菌灵可湿性粉剂 1 000 倍液；

77%氢氧化铜微粒可湿性粉剂 500 倍液等。

在 8 月下旬至 9 月上旬，果实成熟前喷药 2 次，药剂可选用：

50%克菌丹可湿性粉剂400~500倍液；

20%唑菌胺酯水分散粒剂1 000~2 000倍液；

24%腈苯唑悬浮剂2 500~3 200倍液；

10%氰霜唑悬浮剂2 000~2 500倍液；

2%宁南霉素水剂400~800倍液；

35%多菌灵磺酸盐悬浮剂600~800倍液。

果实贮藏前，用50%甲基硫菌灵可湿性粉剂700倍液浸果10min，晾干后贮藏。

第六节　梨树腐烂病

梨树腐烂病是梨树主要枝干病害，我国东北、华北、西北及黄河故道地区都有发生。常引起大枝、整株甚至成片梨树的死亡，对生产影响很大（图3-18）。

图3-18　梨树腐烂病为害情况

【症状】为害枝干引起枝枯和溃疡两种症状（图3-19）。枝枯型：多发生在衰弱的梨树小枝上，病斑形状不规则，边缘不明显，扩展迅速，很快包围整个枝干，使枝干枯死，并密生黑色小粒点。病树的树势逐年减弱，生长不良，如不及时防治，可造成全树枯死。溃疡型：树皮上的初期病斑椭圆形或不规则形，稍隆起，皮层组织变松，呈水渍状湿腐，红褐色至暗褐色。以手压之，病部稍下陷并溢出红褐色汁液，此时组织解体，易撕裂，并有酒糟味。当空气潮湿时，从中涌出淡黄色卷须状物。果实受害，初期病斑圆形，褐色至红褐色软腐，后期中部散生黑色小粒点，并使全果腐烂。

图 3-19　梨树腐烂病萌芽前为害症状

【防治方法】早春、夏季注意查找病部，认真刮除病组织，涂抹杀菌剂。刮树皮：在梨树发芽前刮去翘起的树皮及坏死的组织，刮皮后结合涂药或喷药。可喷布 5% 菌毒清水剂 50～100 倍液、50% 福美双可湿性粉剂 50 倍液、95% 银果原药（邻烯丙基苯酚）50 倍液、70% 甲基硫菌灵可湿性粉剂 1 份加植物油 2.5 份、50% 多菌灵可湿性粉剂 1 份加植物油 1.5 份混合等，以防止病疤复发。

第七节 梨炭疽病

【症状】 主要为害果实，也能侵害枝条。果实多在生长中后期发病。发病初期，果面出现淡褐色水渍状的小圆斑，以后病斑逐渐扩大，色泽加深，并且软腐下陷。病斑表面颜色深浅交错，具明显的同心轮纹。在病斑处表皮下，形成无数小粒点，略隆起，初褐色，后变黑色。有时它们排成同心轮纹状。在温暖潮湿情况下，它们突破表皮，涌出一层粉红色的黏质物。随着病斑的逐渐扩大，病部烂入果肉直到果心，使果肉变褐，有苦味。果肉腐烂的形状常呈圆锥形。发病严重时，果实大部分或整个腐烂，引起落果或者在枝条上干缩成僵果（图3-20、图3-21）。

图3-20 梨炭疽病为害果实初期症状

图 3-21　梨炭疽病为害果实后期症状

【防治方法】在梨树发芽前喷二氯萘醌 50 倍液，或 5%～10%重柴油乳剂，或用 50%五氯酚钠 150 倍液。

发病前注意施用保护剂，可以用下列药剂：

80%代森锰锌可湿性粉剂 700 倍液；

80%敌菌丹可溶性粉剂 1 000～1 200 倍液；

86.2%氧化亚铜干悬浮剂 800 倍液；

75%百菌清可湿性粉剂 800 倍液；

65%代森锌可湿性粉剂 500～600 倍液等，间隔 7～12 天喷施 1 次。

北方发病严重的地区，从 5 月下旬或 6 月初开始，每 15 天左右喷 1 次药，直到采收前 20 天止，连续喷 4～5 次。雨水多的年份，喷药间隔期缩短些，并适当增加次数。可用下列药剂：

50%异菌脲可湿性粉剂 2 000 倍液；

10%多氧霉素可湿性粉剂 2 000 倍液；

60%噻菌灵可湿性粉剂 1 500～2 000 倍液；

5%己唑醇悬浮剂 800～1 500 倍液；

做好贮藏管理，延缓果实的衰老进程，使之保持较强的抗病能力，同时抑制病菌活动，以防止病害的发生；采收后在0~5℃低温贮藏可抑制病害发生。

第八节 梨褐斑病

【症状】病菌在落叶的病斑中越冬。次年遇春雨时，即产生孢子，经风雨传播，侵害梨叶，形成病斑，并在病斑处产生孢子进行再次侵染。田间于4月下旬即可见到发病，梨园低湿，树冠郁闭会加重病害发生。天气多雨、潮湿，发病重。树势衰弱、排水不良的果园，发病也多。病菌以分生孢子器及子囊壳在落叶的病斑上过冬，第二年春季通过风雨散播分生孢子或子囊孢子，孢子沾附在新叶上，于环境条件适宜时，发芽侵入叶片，引起初次侵染。在梨树生长期中，病斑上能形成分生孢子器，其中成熟的分生孢子，可通过风雨传播，再次侵害叶片。所以，在整个生长季中，病害有多次侵染，陆续引起叶片、果实发病（图3-22、图3-23）。

图3-22 梨褐斑病为害叶片初期症状

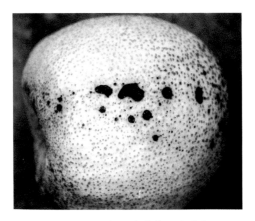

图 3-23　梨褐斑病为害果实症状

【防治方法】

（1）农业防治。加强管理，合理修剪，增强树势，改善通风透光状况。清除落叶，消除侵染源。

（2）药剂防治。

预防方案。奥力克速净 30ml，对水 15kg，每 7~10 天 1 次。

发病前期。方案一：奥力克速净 50ml＋金贝 40ml，对水 15kg，5~7 天用药 1 次，连用 2~3 次；方案二：奥力克速净 50ml＋奥力克细截 30ml，对水 15kg，每 5~7 天用药 1 次；方案三：奥力克速净 50ml＋奥力克霜贝尔 30ml，对水 15kg，5~7 天用药 1 次，连用 2~3 次。

发病中后期。方案一：奥力克速净 50ml＋吡唑醚菌酯 5g 或福美双 25g，对水 15kg，3~5 天用药 1 次；方案二：奥力克速净 50ml＋苯醚甲环唑 10g 或 70％甲基托布津 10g，对水 15kg，3~5 天用药 1 次。

第九节　梨干腐病

【症状】枝干出现黑褐色、长条形病斑，质地较硬，微湿润，多烂到木质部。病斑扩展到枝干半圈以上时，常造成病部以上叶片萎蔫，枝条枯死（图 3-24）。后期病部失水，凹陷，周围龟裂，表面密生黑色小粒点。病菌也侵害果实，造成果实腐烂。

图 3-24　梨干腐病为害枝条叶片萎蔫状

【防治方法】培育壮苗，提高苗木抗病能力。苗木假植后充分浇水，定植不可过深，苗木和幼枝合理施肥，控制枝条徒长。干旱时应及时灌水。

在萌芽前期，可喷施 1∶1∶160 倍式波尔多液。

发病初期可刮除病斑，并喷施 45% 晶体石硫合剂 300 倍液、75% 百菌清可湿性粉剂 700 倍液、50% 苯菌灵可湿性粉剂 1 500 倍液、36% 甲基硫菌灵悬浮剂 600 倍液等。

生长期间喷洒 1∶2∶200 倍式波尔多液、45% 晶体石硫合剂 300 倍液、50% 苯菌灵可湿性粉剂 1 400 倍液、64% 恶霜灵·代森锰锌可湿性粉剂 500 倍液，保护枝干和果实。

第十节　梨轮斑病

【症状】主要为害叶片、果实和枝条。叶片受害，开始出现针尖大小黑点，后扩展为暗褐色、圆形或近圆形病斑，具明显的轮纹（图 3-25）。在潮湿条件下，病斑背面产生黑色霉层。新梢染病，病斑黑褐色，长椭圆形，稍凹陷。果实染病形成圆形、黑色凹陷斑。

图 3-25 梨轮斑病为害叶片后期症状

【防治方法】花前、落花后幼果期，雨季前，梨果成熟前 30 天左右是防治该病的关键时期（图 3-26）。各喷施 1 次药剂。可用药剂有：

80%代森锰锌可湿性粉剂 700 倍液+50%醚菌酯水分散粒剂

图 3-26 梨轮斑病为害叶片初期症状

2 000~3 000倍液；

75%百菌清可湿性粉剂800倍液+10%苯醚甲环唑水分散粒剂2 000~3 000倍液；

50%多·福（多菌灵·福美双）可湿性粉剂400~600倍液；

50%腈·锰锌（腈菌唑·代森锰锌）可湿性粉剂800~1 000倍液；

5%己唑醇悬浮剂1 000~1 500倍液；

5%亚胺唑可湿性粉剂600~800倍液。

第十一节　梨瘿蚊

近年梨瘿蚊已成为梨树上重要害虫之一（图3-27）。在中国主要梨区均有发生，在浙江一年发生3~4代，芽、叶被害后出现黄色斑点，不久，叶面出现凹凸不平的疙瘩，受害严重的叶片纵卷，提早脱落。

图3-27　梨瘿蚊

【为害特性】以老熟幼虫在树冠下深0~6cm土壤中及树干的翘皮裂缝中越冬。越冬代成虫盛发期为3月底至4月初，成虫产卵在花萼里，幼虫在花萼基部里面环向串食，被害处变黑。

以后蛀入幼果心中，被害幼果干枯、脱落。受害叶片沿主脉纵卷成双筒形，随幼虫生长，卷圈数增加，叶肉组织增厚，变硬发脆，直至变黑，枯萎脱落。

【防治方法】

（1）春芽萌动露青前对树冠枝芽喷布 3～5 波美度的石硫合剂。

（2）做好成虫羽化出土和幼虫入土时地面防治。重点抓在越冬成虫羽化出土前或在第一、第二代老熟幼虫脱叶高峰期，抓住降雨时幼虫集中脱叶，雨后有大量成虫羽化的有利时期，在树冠下地面喷洒 50% 辛硫磷乳油 200～300 倍液，或用 2.5% 溴氢菊酯乳油 1 000～1 500 倍液，杀灭幼虫和成虫（1 亩 ≈ 667m²。全书同）。

（3）冬季深翻土地。及时摘除虫叶，集中烧毁。

（4）在越冬代成虫盛发期（3月底至4月初）和第一代成虫产卵盛期，用 52.5% 农地乐 1 000 倍液树冠喷雾，均有很好的防治效果。

第十二节　梨二叉蚜

梨二叉蚜，又名梨卷叶蚜（图 3-28）。属同翅目，蚜科。无翅胎生雌蚜体长 2mm，体绿色，口器黑色，复眼红褐色。触角 6 节，端部黑色。各足腿节、胫节的端部和跗节黑褐色，腹管长大、黑色、圆筒形。尾片圆锥形，侧毛 3 对。有翅胎生雌蚜体长 1.5mm，翅展 5mm。头部黑色，额瘤突出。口器黑色。触角 6 节，淡黑色。复眼暗红色。前翅中脉二分叉。足、腹管、尾片同无翅胎生雌蚜。

梨二叉蚜分布国内各梨区，在春秋季时严重为害梨芽、嫩梢和叶片，叶片受害纵卷、早落，削弱树势，影响果品产量和质量。该虫一年发生 20 余代，以卵在梨芽和果台越冬。梨芽萌

图 3-28　梨二叉蚜

动时越冬卵开始孵化，群集芽上、花蕾和嫩叶上为害，展叶后爬至叶正面刺吸为害，引起叶片向上纵卷，为害至落花后 15 天左右，开始出现有翅蚜。

【生物防治措施】

（一）利用龟纹瓢虫防治

（1）在树主干束草诱集梨园越冬的龟纹瓢虫成虫。春季成虫少时，可从麦田捕捉龟纹瓢虫成虫放回梨园。

（2）人工繁殖龟纹瓢虫。饲料配方为：猪肝浆 40ml，蔗糖 10g，蜂乳 5ml，蜂蜜 5ml，花粉和冻蚜适量。在 25℃适温条件下，雌雄瓢虫配比为 1∶1。每头雌虫日产卵 12 粒，一头雌虫产卵总量 760 粒左右。

（3）也可在温室种小麦，利用麦长蚜繁殖龟纹瓢虫，以备梨园使用。

（二）利用黑带食蚜蝇

在食蚜蝇与蚜虫 1∶200 情况下不要喷杀虫剂，依靠食蚜蝇即可控制蚜害。果园间种植绿肥作物和蔬菜，增加食蚜蝇越冬数量。食蚜蝇蛹和成虫低温（5~7℃）保存，土壤不宜太干，待梨二叉蚜为害时放回果园。

（三）利用梨蚜茧蜂

该蜂幼虫或蛹在艾草、小麦、蔬菜的蚜虫尸体内越冬。翌年4月发生越冬代成虫，产卵于蚜虫体内，1头蚜虫产1粒卵。被寄生蚜虫尸体膨大，渐变为淡褐色。成虫羽化时在蚜虫背部咬一圆孔而出。

【化学防治】开花前喷药防治效果较好，可选用溴氰菊酯、吡虫啉等药剂。

第四章　桃树病虫害

桃是重要的核果类果树，原产于我国，在我国分布范围较广，栽种面积大，是深受人们青睐的营养佳品。

我国除黑龙江省外，其他各省、自治区、直辖市都有桃树栽培，主要栽培地区在华北、华东各省，较为集中的地区有北京、天津、山东、河南、河北、陕西、甘肃、四川、浙江、江苏。据统计，全国栽培面积已超过 70 万 hm^2，年产桃 20 万 t，居世界第一位。

第一节　桃疮痂病

我国各桃区均有发生，尤以北方桃区受害较重，在高温多湿的江浙一带发病最重。该病发病率为 20%～30%，严重时可达 40%～60%（图 4-1）。

【症状】主要为害果实，亦为害枝梢。新梢被害后（图 4-2 至图 4-4），呈现长圆形、浅褐色的病斑，后变为暗色，并进一步扩大，病部隆起，常发生流胶。枝梢发病，最初在表面产生边缘紫褐色，中央浅褐色的椭圆形病斑。后期病斑变为紫色或黑褐色，稍隆起，并于病斑处产生流胶现象。春天病斑变灰色，并于病斑表面密生黑色粒点，即病菌分生孢子丛。病斑只限于枝梢表层，不深入内部。病斑下面形成木栓质细胞。因此，表面的角质层与底层细胞分离，但有时形成层细胞被害死亡，枝梢便呈枯死状态。叶片受害，初期在叶背出现不规则红褐色

图4-1　桃疮痂病为害情况

斑，以后正面相对应的病斑亦为暗绿色，最后呈紫红色干枯穿斑。在中脉上则可形成长条状的暗褐色病斑。发病重时可引起落叶（图4-2）。果实发病初期，果面出现暗绿色圆形斑点，逐

图4-2　桃疮痂病为害枝条初期症状

渐扩大，至果实近成熟期，病斑呈暗紫或黑色，略凹陷，后呈略凸起的黑色痣状斑点，病菌扩展局限于表层，不深入果肉（图4-3）。发病严重时，病斑密集，随着果实的膨大，果实龟裂。

图 4-3　桃疮痂病为害果实后期症状

【**防治方法**】萌芽前喷 5 波美度石硫合剂加 0.3%五氯酚钠、45%晶体石硫合剂 30 倍液，铲除枝梢上的越冬菌源。落花后半个月是防治的关键时期（图 4-4），可用下列药剂：

70%甲基硫菌灵·代森锰锌可湿性粉剂 800~1 000 倍液；

图 4-4　桃落花后疮痂病为害症状

3%中生菌素可湿性粉剂 600~800 倍液；

70%甲基硫菌灵可湿性粉剂 800~1 000倍液；

20%邻烯丙基苯酚可湿性粉剂 800 倍液；

50%多菌灵可湿性粉剂 1 000~1 500倍液；

65%代森锌可湿性粉剂 500~800 倍液；

75%百菌清可湿性粉剂 800~1 000倍液；

80%代森锰锌可湿性粉剂 800~1 000倍液；

50%醚菌酯水分散粒剂 1 000~2 000倍液；

40%氟硅唑乳油 8 000~10 000倍液均匀喷施，以上药剂交替使用，效果更好。间隔 10~15 天喷药 1 次，共 3~4 次。

第二节　桃细菌性穿孔病

桃细菌性穿孔病是桃树的重要病害之一，在全国各桃产区都有发生，特别是在沿海、沿湖地区，常严重发生（图4-5）。

图4-5　桃细菌性穿孔病为害症状

【症状】主要为害叶片，也为害果实和枝。叶片受害，开始

时产生半透明油浸状小斑点，后逐渐扩大，呈圆形或不规则圆形，紫褐色或褐色，周围有淡黄色晕环（图 4-6）。天气潮湿

图 4-6　桃细菌性穿孔病为害初期症状

时，在病斑的背面常溢出黄白色较黏的菌脓，后期病斑干枯，在病、健部交界处，发生一圈裂纹，很易脱落形成穿孔。枝梢上有两种病斑：一种称春季溃疡，另一种称夏季溃疡。春季溃疡病斑油浸状，微带褐色，稍隆起；春末病部表皮破裂成溃疡。夏季溃疡多发生在嫩梢上，开始时环绕皮孔形成油浸状、暗紫色斑点，中央稍下陷，并有油浸状的边缘。该病也为害果实（图 4-7）。

【防治方法】 芽膨大前期喷 1：1：100 倍式波尔多液、45%晶体石硫合剂 30 倍液、30%碱式硫酸铜胶悬剂 300~500 倍液等药剂杀灭越冬病菌。

展叶后至发病前是防治的关键时期，可喷施下列药剂：

1：1：100 倍式波尔多液；

77%氢氧化铜可湿性粉剂 400~600 倍液；

30%碱式硫酸铜悬浮剂 300~400 倍液；

86.2%氧化亚铜可湿性粉剂 2 000~2 500 倍液；

47%氧氯化铜可湿性粉剂 300~500 倍液；

30%琥胶肥酸铜可湿性粉剂 400~500 倍液；

25%络氨铜水剂 500~600 倍液；

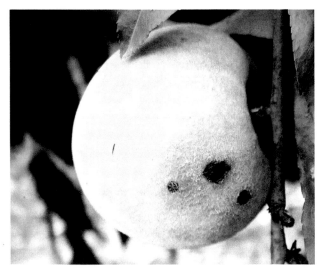

图 4-7　桃细菌性穿孔病为害果实症状

20%乙酸铜可湿性粉剂 800~1 000 倍液；

12%松酯酸铜乳油 600~800 倍液等，间隔 10~15 天喷药 1 次。

发病早期及时施药防治，可以用下列药剂：

72%农用硫酸链霉素可湿性粉剂 3 000~4 000 倍液；

3%中生菌素可湿性粉剂 400 倍液；

33.5%喹啉铜悬浮剂 1 000~1 500 倍液；

2%宁南霉素水剂 200~300 倍液；

86.2%氧化亚铜悬浮剂 1 500~2 000 倍液等。

第三节　桃霉斑穿孔病

【症状】主要为害叶片和花果，叶片染病（图 4-8、图 4-9），病斑初为圆形，紫色或紫红色，逐渐扩大为近圆形或不规则形，后变为褐色。湿度大时，在叶背长出黑色霉状物即病菌子实体，有的延至脱落后产生，病叶脱落后才在叶上残存穿孔。花、果实染病，病斑小而圆，紫色，凸起后变粗糙，花梗染病，未开花即干枯脱落。枝干染病，新梢发病时以芽为中心形成长椭圆形病斑，边缘紫褐色，并发生裂纹和流胶。较老的枝条上形成瘤状物，瘤为球状，占枝条四周面积的 1/4~3/4。

图 4-8　桃霉斑穿孔病为害叶片初期症状

图 4-9　桃霉斑穿孔病为害叶片后期症状

　　【防治方法】 加强桃园管理，增强树势，提高树体抗病力。对地下水位高或土壤黏重的桃园，要改良土壤，及时排水，合理整形修剪，及时剪除病枝，彻底清除病叶，集中烧毁或深埋，以减少菌源。于早春喷洒下列药剂：

50%甲基硫菌灵可湿性粉剂 800 倍液；

70%代森锰锌可湿性粉剂 800 倍液；

50%苯菌灵可湿性粉剂 1 000倍液；

50%异菌脲可湿性粉剂 1 000~1 500倍液；

70%丙森锌可湿性粉剂 800~1 000倍液；

1∶1∶（100~160）倍式波尔多液；

30%碱式硫酸铜胶悬剂 400~500 倍液。

第四节　桃褐斑穿孔病

【症状】主要为害叶片，也可为害新梢和果实。叶片染病（图4-10、图4-11），初生圆形或近圆形病斑，边缘紫色，略带环纹，大小后期病斑上长出灰褐色霉状物，中部干枯脱落，形成穿孔，穿孔的边缘整齐，穿孔多时叶片脱落。新梢、果实染病，症状与叶片相似。

图4-10　桃褐斑穿孔病为害叶片初期症状

【防治方法】落花后，病害发生初期时（图4-12），可喷洒下列药剂：

70%代森锰锌可湿性粉剂 500~800 倍液；

70%甲基硫菌灵可湿性粉剂 800~1 000倍液；

图 4-11 桃褐斑穿孔病为害叶片后期症状

图 4-12 桃褐斑穿孔病为害初期症状

75%百菌清可湿性粉剂 600~800 倍液；

10%苯醚甲环唑水分散粒剂 1 500~2 000倍液；

50%异菌脲可湿性粉剂 1 000~1 500倍液；

60%吡唑醚菌酯·代森联水分散粒剂 1 000~2 000倍液；

50%代森锰锌·异菌脲可湿性粉剂 600~800 倍液；

18%烯肟菌酯·氟环唑悬浮剂 900~1 800倍液；

50%甲基硫菌灵·硫磺悬浮剂 500~600 倍液，间隔 7~10 天防治 1 次，共防 3~4 次。

第五节　桃炭疽病

【症状】主要为害果实，也能侵害叶片和新梢。幼果果面呈暗褐色，发育停滞，萎缩硬化。果实将近成熟时染病，为圆形或椭圆形的红褐色病斑，显著凹陷，其上散生橘红色小粒点，并有明显的同心环状皱纹（图4-13）。新梢受害，初在表面产生暗绿色水渍状长椭圆的病斑，后渐变为褐色，边缘带红褐色，略凹陷，表面也长有橘红色的小粒点。叶片发病，产生近圆形或不整形淡褐色的病斑，病、健分界明显，后病斑中部褪呈灰褐色或灰白色。

图4-13　桃炭疽病为害果实症状

【防治方法】萌芽前喷石硫合剂加 80%五氯酚钠 200~300

倍液，或用 1：1：100 倍式波尔多液，1~2 次（展叶后禁喷），铲除病源。

发芽后、谢花后是喷药防治的关键时期。可用下列药剂：

80%代森锰锌可湿性粉剂 600~800 倍液；

65%代森锌可湿性粉剂 500 倍液；

75%百菌清可湿性粉剂 800 倍液；

72%福美锌可湿性粉剂 400~600 倍液；

80%福美双水分散粒剂 900~1 200 倍液；

80%福美锌·福美双可湿性粉剂 800 倍液；

70%丙森锌可湿性粉剂 800 倍液等，间隔 7~10 天 1 次。

发病前期及时施药，可以用下列药剂：

80%代森锰锌可湿性粉剂 600~800 倍液+50%多菌灵可湿粉 800 倍液；10%苯醚甲环唑水分散粒剂 2 000~3 000倍液；

25%溴菌腈乳油 300~500 倍液；

55%氟硅唑·多菌灵可湿性粉剂 800~1 250倍液；

60%吡唑醚菌酯·代森联水分散粒剂 1 000~2 000倍液；

70%甲基硫菌灵可湿性粉剂 800~1 000倍液等均匀喷施。

第六节　桃褐腐病

【症状】主要为害果实，也可为害花叶、枝梢。果实被害最初在果面产生褐色圆形病斑，果肉也随之变褐软腐。继后在病斑表面生出灰褐色绒状霉丛，常呈同心轮纹状排列（图 4-14），病果腐烂后易脱落，但不少失水后变成僵果（图 4-15）。花部受害自雄蕊及花瓣尖端开始，先发生褐色水渍状斑点，后逐渐延至全花，随即变褐而枯萎。新梢上形成溃疡斑，长圆形，中央稍凹陷，灰褐色，边缘紫褐色，常发生流胶。

【防治方法】桃树萌芽前喷洒 80%五氯酚钠加石硫合剂、1：1：100 倍式波尔多液，铲除越冬病菌。

图4-14　桃褐腐病病果前期症状

图4-15　桃褐腐病为害果实后期症状

落花期是喷药防治的关键时期，可用下列药剂：

75%百菌清可湿性粉剂800倍液+70%甲基硫菌灵可湿性粉剂800~1 000倍液；

50%异菌脲可湿性粉剂1 000~2 000倍液；

50%多菌灵可湿性粉剂800~1 000倍液；

24%腈苯唑悬浮剂2 500~3 200倍液；

25%戊唑醇水乳剂2 500~3 000倍液；

65%代森锌可湿性粉剂 500 倍液+50%腐霉利可湿性粉剂
1 000~1 500倍液；

75%百菌清可湿性粉剂 800 倍液+50%苯菌灵可湿性粉剂
1 000~1 500倍液等，发病严重的桃园可每 15 天喷 1 次药，采收
前 3 周停喷。

第七节　桃树侵染性流胶病

桃树侵染性流胶病是桃树的一种常见的严重病害，世界各
核果栽培区均有分布，在我国南方桃区发生较重（图 4-16、图
4-17）。

图 4-16　桃树侵染性流胶病为害情况

【症状】主要为害枝干。一年生嫩枝染病，初产生以皮孔为
中心的疣状小凸起，当年不发生流胶现象，翌年 5 月上旬病斑
开裂，溢出无色半透明状稀薄而有黏性的软胶。被害枝条表面
粗糙变黑，并以瘤为中心逐渐下陷，形成圆形或不规则形病斑，
其上散生小黑点。多年生枝干受害产生"水泡状"隆起，并有
树胶流出。果实受害，由果核内分泌黄色胶质，溢出果面，病
部硬化，有时龟裂。

图 4-17　桃树侵染性流胶病为害新梢后期症状

【防治方法】增施有机肥，低洼积水地注意排水，合理修剪，减少枝干伤口。

桃树落叶后树干、大枝涂白，防止日灼、冻害，兼杀菌治虫。涂白剂配制方法：生石灰 12kg，食盐 2～2.5kg，大豆汁 0.5kg，水 36kg。先把优质生石灰用水化开，再加入大豆汁和食盐，搅拌成糊状即可。

早春发芽前将流胶部位病组织刮除（图 4-18），然后涂抹

图 4-18　桃树萌芽前期侵染性流胶病为害症状

45%晶体石硫合剂30倍液，或喷3~5波美度石硫合剂加80%五氯酚钠200~300倍液，或用1：1：100倍式波尔多液，铲除病原菌。

生长期于4月中旬至7月上旬，每隔20天用刀纵、横划病部，深达木质部，然后用毛笔蘸药液涂于病部，全年共处理7次。可用下列药剂：

70%甲基硫菌灵可湿性粉剂800~1 000倍液；

80%乙蒜素乳油50~100倍液；

50%多菌灵可湿性粉剂800~1 000倍液；

50%苯菌灵可湿性粉剂1 000~1 500倍液；

1.5%多抗霉素水剂100倍液处理。

第八节　桃树腐烂病

【症状】主要为害主干和主枝（图4-19），造成树皮腐烂，致使枝枯树死。自早春至晚秋都可发生，其中，4—6月发病最盛。初期病部皮层稍肿起，略带紫红色并出现流胶，最后皮层变褐色枯死，有酒糟味，表面产生黑色凸起小粒点，湿度大时，

图4-19　桃树腐烂病为害症状

涌出橘红色孢子角。剥开病部树皮，黑色子座壳尤为明显。当病斑扩展包围主干一周时，病树就很快死亡。

【防治方法】防止冻害比较有效的措施是树干涂白，降低昼夜温差，常用涂白剂的配方是生石灰 12～13kg，加石硫合剂原液（20 波美度左右）2kg、食盐 2kg，加清水 36kg；或用生石灰 10kg，加豆浆 3～4kg，对水 10～50kg。涂白亦可防止枝干日烧。

在桃树发芽前刮去翘起的树皮及坏死的组织，然后喷施 50%福美双可湿性粉剂 300 倍液。

生长期发现病斑，可刮去病部，涂沫下列药剂：

70%甲基硫菌灵可湿性粉剂 1 份加植物油 2.5 份；

50%福美双可湿性粉剂 50 倍液；

50%多菌灵可湿性粉剂 50～100 倍液；

70%百菌清可湿性粉剂 50～100 倍液等，间隔 7～10 天再涂 1 次，防效较好。

第九节　桃缩叶病

【症状】主要为害幼嫩组织，其中以嫩叶为主，嫩梢、花和幼果亦可受害。春季嫩叶刚从芽鳞抽出即可受害，表现为病叶变厚膨胀，卷曲变形，颜色发红。随叶片逐渐展开，卷曲加重，病叶肿大肥厚，皱缩扭曲，质地变脆，呈红褐色，上生一层灰白色粉状物（图 4-20）。枝梢受害呈黄绿色，病部肥肿，节间缩短，多形成簇生状叶片。严重时病梢扭曲，生长停滞，最后整枝枯死。

【防治方法】果树休眠期，喷洒 3～5 波美度石硫合剂，铲除越冬病菌。桃花芽露红而未展开时是防治的关键时期。可喷施下列药剂：

5 波美度石硫合剂，1∶1∶100 倍式波尔多液；

50%硫悬浮剂 600 倍液；

图 4-20 桃缩叶病为害叶片症状

10%苯醚甲环唑水分散粒剂 2 000 倍液；

70%甲基硫菌灵可湿性粉剂 600~1 000 倍液；

65%代森锌可湿性粉剂 600~800 倍液；

75%百菌清可湿性粉剂 600~800 倍液；

50%多菌灵可湿性粉剂 600~800 倍液；

70%代森锰锌可湿性粉剂 500 倍液，就能控制初侵染的发生，效果很好。

第十节　桃树根癌病

【症状】此病主要发生在根颈部，也发生于侧根和支根。根部被害后形成癌瘤（图 4-21）。开始时很小，随植株生长不断增大。瘤的形状、大小、质地，决定于寄主。一般木本寄主的瘤大而硬，木质化；草本寄主的瘤小而软，肉质。

【防治方法】苗木消毒：病苗要彻底刮除病瘤，并用 700 单位/ml 的链霉素加 1%酒精作辅助剂，消毒 1h 左右。将病劣苗剔出后用 3%次氯酸钠液浸 3min，刮下的病瘤应集中烧毁。对外来苗木应在未抽芽前将嫁接口以下部位，用 10%硫酸铜液浸 5min，

图 4-21　桃树根癌病苗木受害根部症状

再用 2%的石灰水浸 1min。

病瘤处理：在定植后的果树上发现病瘤时，先用快刀彻底切除癌瘤，然后用稀释 100 倍硫酸铜溶液消毒切口，再外涂波尔多液保护；也可用 400 单位链霉素涂切口，外加凡士林保护，切下的病瘤应随即烧毁。

土壤处理：用硫磺降低中性土和碱性土的碱性，病株根际灌浇乙蒜素进行消毒处理，对减轻为害都有一定的作用。用 80%二硝基邻甲酚钠盐 100 倍液涂抹根颈部的瘤，可防止其扩大绕围根颈。细菌素（含有二甲苯酚和甲酚的碳氢化合物）处理瘤有良好效果，可以在 3 年生以内的植株上使用。处理后 3～4 个月内瘤枯死还可防止瘤的再生长或形成新瘤。

第十一节　桃树茶翅蝽

桃树茶翅蝽（图 4-22），主要为害叶和梢，被害后症状不明显，果实被害后被害处木栓化，变硬，发育停止而下陷。果肉变褐成一硬核，受害处果肉微苦，严重时形成疙瘩梨状或畸形果，失去经济价值。

图 4-22　桃树茶翅蝽

【**形态特征**】成虫体长 15mm，宽 8mm，扁椭圆形，灰褐色或略带紫红色，前胸背板小盾片和前翅革质部有黑褐色刻点，前胸背板前缘有 4 个黄褐色圆点横列，小盾片基部有 5 个黄色圆点横列。腹部两侧各节均有一个黑斑。

卵：短圆筒形，灰白色，近孵化时呈黑褐色。卵常 20～30 粒并排在一起。若虫与成虫相似，无翅，前胸背板两侧有刺突，腹部各节背面中部有黑斑，黑斑中央两侧各有一个黄褐色小点，各腹节两侧节间处各有一黑斑。

【**发生规律**】1 年发生 1 代，以成虫在屋檐、草堆、树洞、石缝处越冬。5 月上旬开始出蛰活动，飞到桃树上为害。6 月多产卵在叶背面，7 月上旬开始孵化。初孵若虫，群集于卵块附近为害，而后逐渐分散，7—8 月成虫羽化，为害至 9 月，寻找适当场所越冬。成虫、若虫吸食叶片、嫩梢和果实的汁液，正在生长的果实被害后，成为凸凹不平的畸形果。受害严重时常脱落，近成熟时的果实被害后，受害处果肉变空，木栓化，对产量和品质影响很大。

【**防治方法**】

（1）冬季清园。冬季清除果园附近的残叶、枯草，集中处理消灭成虫。

（2）喷洒农药。7—8月，若虫发生期，喷90%万灵可湿性粉剂2 000倍液，或用90%敌百虫1 000倍液等。

（3）果实套袋，防止果实受害。

第十二节　桃树梨网蝽

梨网蝽是桃树种植过程中的主要虫害之一（图4-23），以成虫或若虫在叶背吸食汁液为害。桃树一旦受到梨网蝽侵咬，会在叶面形成苍白点，进而影响植株的长势，造成减产。做好梨网蝽的防治工作，是桃树种植实现优质高产的关键，当引起果农们重视。

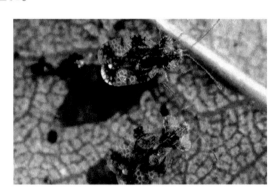

图4-23　桃树梨网蝽

【为害特点】梨网蝽以成虫和若虫聚集在桃树叶片背面刺吸汁液为害叶片，先为害树体下部叶片，再逐渐上移，为害中、上部叶片，被害轻时叶片正面呈苍白色褪绿斑点，为害严重时全叶苍白枯黄，叶背面布满褐色粪便。若虫蜕皮壳和产卵时会排泄蝇粪状漆黑色小油污点，致使叶背呈锈污色，叶面诱发煤污，降低叶片光合能力，造成叶片干枯提早脱落，对树势和产量影响很大。

【防治方法】

（1）加强桃园管理，合理施肥，促进树体健壮生长。

（2）合理整形修剪，增强通风透光能力。

（3）理通沟渠，及时排水，增加田间通透性，降低田间湿度。

（4）创造不利于病虫发生的环境条件，结合四季清园，减少害虫的栖息场所，秋冬两季尤为重要。

（5）晚秋在成虫下树前，将树干绑上草把或诱虫带，收集越冬成虫，集中烧毁。

（6）冬季彻底清除果园内及附近的杂草、枯枝、落叶，刮除枝干的粗翘皮，集中烧毁或深埋，并进行翻耕改土，减少越冬虫源。

（7）药剂防治要抓住 3 个关键时期。

① 4 月下旬至 5 月上旬越冬成虫出蛰盛期，以树体下部为防治重点，可选用 1.8%阿维菌素乳油 2 000~4 000 倍液。

② 5 月下旬第 1 代卵孵化末期，是全年防治的关键时期，此时既有成虫，又有若虫和卵，防治难度很大，可选用 1.8%阿维菌素乳油 2 000~4 000 倍液 + 100 亿活芽孢/g 苏云金杆菌 1 000~2 000 倍液，在卵孵化盛期或低龄幼虫期使用可达到最佳防治效果。

③ 8 月上旬至 9 月下旬成虫准备越冬期，防治药剂可选用 1.8%阿维菌素 2 000~4 000 倍液+2.5%吡虫啉乳油 2 000 倍液，以消灭正在寻找越冬场所的成虫，减少来年虫量。

第五章　杏、李、柿病虫害

杏树属于蔷薇科落叶乔木，原产于我国新疆，现已广泛分布到华北各地。

杏树的病虫害是制约其丰产与丰收的重要因素，已发现的病虫害有 100 多种，一般年份损失 10%~20%，流行年份可达 50%~60%。其中，病害有 30 多种，为害较严重的有杏疔病、疮痂病、褐腐病、细菌性穿孔病等；虫害有 70 多种，分布较广泛的有杏象甲、杏仁蜂、桃蚜、桑白蚧等。

第一节　杏疔病

【症状】主要为害新梢、叶片，也为害花和果实。发病新梢生长缓慢。节间短粗，叶片簇生。病梢表皮初为暗褐色，后变为黄绿色，病梢常枯死。叶片变黄、增厚，呈革质。以后病叶变红黄色，向下卷曲。最后病叶变黑褐色，质脆易碎，但成簇留在枝上不易脱落（图 5-1）。花受害后不易开放，花蕾增大，萼片及花瓣不易脱落。果实染病后生长停止，果面有淡黄色病斑，其上散生黄褐色小点。后期病果干缩，脱落或挂在枝上。

【防治方法】在杏树冬季修剪后到萌芽前（3 月上中旬），对树体全面喷 5 波美石硫合剂。

对没有彻底清除病枝的地区，可在杏树展叶时喷下列药剂：

1：1.5：200 倍式波尔多液；

30% 碱式硫酸铜胶悬剂 300~500 倍液；

图 5-1 杏疔病整株受害状

14%络氨铜水剂 300~500 倍液；

70%甲基硫菌灵可湿性粉剂 800~1 000倍液，间隔 10~15 天喷 1 次，防治 1~2 次，效果良好。连续 2~3 年全面清理病枝、病叶的杏园可完全控制杏疔病。

第二节 杏褐腐病

【症状】 可侵害花、叶及果实，尤以果实受害最重。花器受害，变褐萎蔫，多雨潮湿时迅速腐烂，表面丛生灰霉。嫩叶受害，多自叶缘开始变褐，迅速扩展全叶，使叶片枯萎下垂，如霜害状。幼果至成熟期均可发病，尤以近成熟期发病最严重（图 5-2）。病果最初发生褐色圆形病斑，果肉变褐软腐，病果腐烂后易脱落，也可失水干缩变成褐色或黑色僵果，悬挂在树上经久不落（图 5-3）。

【防治方法】 早春发芽前喷 5 波美度石硫合剂。

在落花以后幼果期，可喷施下列药剂：

65%代森锌可湿性粉剂 400~500 倍液；

图 5-2　杏褐腐病为害果实初期症状

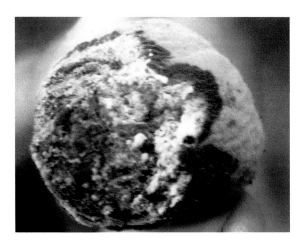

图 5-3　杏褐腐病为害果实后期症状

80%代森锰锌可湿性粉剂 600~800 倍液；

65%福美锌可湿性粉剂 400~600 倍液；

75%百菌清可湿性粉剂 600~800 倍液，能有效地控制病情蔓延，间隔 10~15 天喷 1 次，连续 3 次。

于果实近成熟时，可喷施下列药剂：

50%苯菌灵可湿性粉剂1 000~1 500倍液；

70%甲基硫菌灵可湿性粉剂800~1 000倍液。

第三节　杏细菌性穿孔病

【症状】主要侵染叶片，也能侵染果实和枝梢。叶片发病，开始在叶背产生水渍状淡褐色小斑点，扩大后呈圆形或不规则形病斑，紫褐色至黑褐色，周围具有水渍状黄绿色晕圈（图5-4、图5-5）；后期病斑干枯，与周围健康组织交界处出现裂纹，脱落穿孔。枝条发病后，形成春季和夏季两种溃疡斑。春季溃疡斑发生在上年夏季长出的枝条上，形成暗褐色小疱疹，常造成枝条枯死，病部表皮破裂后，病菌溢出菌液，传播蔓延。夏季溃疡斑发生在当年生嫩梢上以皮孔为中心形成暗紫色水渍状斑点，后变成褐色，圆形或椭圆形，稍凹陷，边缘呈水渍状病斑，不易扩展，很快干枯。果实受害，病斑黑褐色，边缘水浸状，最后，病斑边缘开裂翘起。

图5-4　杏细菌性穿孔病为害叶片初期症状

图 5-5　杏细菌性穿孔病为害叶片初期叶背症状

【防治方法】春季萌芽前喷 5 波美度石硫合剂、45%晶体石硫合剂 30 倍液，清除枝梢上的越冬菌源。

落花后 15 天是防治的关键时期，可选用下列药剂：

70%甲基硫菌灵·代森锰锌可湿性粉剂 800~1 000倍液；

3%中生菌素可湿性粉剂 600~800 倍液；

70%甲基硫菌灵可湿性粉剂 800~1 000倍液；

50%克菌丹可湿性粉剂 400~500 倍液；

50%灭菌丹可湿性粉剂 200~400 倍液；

50%多菌灵可湿性粉剂 800~1 000倍液；

65%代森锌可湿性粉剂 500~800 倍液；

75%百菌清可湿性粉剂 600~800 倍液；

80%代森锰锌可湿性粉剂 800~1 200倍液，均匀喷施。

病害发生初期（图 5-5），可喷施下列药剂：

50%苯菌灵可湿性粉剂 1 500~1 800倍液；

50%嘧菌酯水分散粒剂 5 000~7 000倍液；

25%吡唑醚菌酯乳油 1 000~3 000倍液；

40%环唑醇悬浮剂 7 000~10 000倍液；

10%苯醚甲环唑水分散粒剂 1 500~2 000倍液;

40%氟硅唑乳油 8 000~10 000倍液;

5%己唑醇悬浮剂 800~1 500倍液;

5%亚胺唑可湿性粉剂 600~700 倍液;

40%腈菌唑水分散粒剂 6 000~7 000倍液;

30%氟菌唑可湿性粉剂 2 000~3 000倍液;

20%邻烯丙基苯酚可湿性粉剂 600~1 000倍液,以上药剂交替使用,效果更好。间隔10~15 天喷药 1 次,共 3~4 次。

第四节　杏树腐烂病

【症状】主要为害枝干。症状分溃疡型和枝枯型两种,基本与苹果树腐烂病相同(图5-6)。天气潮湿时,从分生孢子器中涌出的卷须状孢子角呈橙红色,秋季形成子囊壳。

【防治方法】加强栽培管理,增强树势,注意疏花疏果,使树体负载量适宜,减少各种伤口。

图5-6　杏树腐烂病枝枯型症状

及时治疗病疤。主要有刮治和划道涂治。刮治是在早春将病斑坏死组织彻底刮除，并刮掉病皮四周的一些好皮。涂治是将病部用刀纵向划 0.5cm 宽的痕迹，然后于病部周围健康组织 1cm 处划痕封锁病菌以防扩展。刮皮或划痕后可涂抹 5%菌毒清水剂 100 倍液、50%福美双可湿性粉剂 50 倍液+2%平平加（煤油或洗衣粉）、70%甲基硫菌灵可湿性粉剂 30 倍液。

第五节　杏球坚蚧

杏球坚蚧（图 5-7），是以若虫和成虫聚集在枝干上吸食汁液，使被害树树势衰弱、生长缓慢、产量下降，严重时造成枝干枯死。所以，杏球坚蚧发生应立即防治。

图 5-7　杏球坚蚧

一、形态特征

雌成虫具花椒粒状的半球形蚧壳，密集附着在枝条上，初期柔软、棕黄色，后变为硬壳、紫褐色，表面有光泽及小刻点，直径 3mm 左右，雄成虫体长 1.2mm，翅展约 2mm，头部赤褐色，腹部淡黄褐色，末端有交尾器一根，蚧壳长椭圆形。卵为椭圆形，白色半透明，近孵化时粉红色，长 0.3mm，若虫长椭圆形，背面浓褐色，有黄白色花纹，腹面淡褐色，触角、足完全，有尾毛两根。

二、防治方法

（1）早春发芽前，喷 5 波美度石硫合剂，杀死越冬小幼虫，河北省怀来县用 3 波美度石硫合剂，加杀虫剂，成本低，效果好。

（2）萌芽至花蕾露红时，越冬若虫自蜡质壳内爬出转移时喷 3 波美度石硫合剂或对硫磷乳剂 2 000 倍液。

（3）若虫孵化盛期（5 月下旬至 6 月上旬）喷克蚧灵、蚧光、蚧达的混合液防治效果较好或喷 2.5%溴氰菊脂 3 000 倍液或 10%氯氰菊酯 800~1 000 倍液或 0.3~0.5 波美度石硫合剂。

（4）人工刷除蚧壳，应在雌虫尚未产卵或卵未孵化前刷除。

（5）树干涂药环：5 月下旬至 6 月上旬，刮去 15~20cm 树干老皮，涂 40%氧化乐果 3~5 倍液，涂后用塑料布包扎。

（6）保护天敌：黑缘红瓢虫的成虫捕食蚧的若虫，幼虫捕食蚧的雌成虫，应注意保护利用，一般秋末可人工设置瓢虫的越冬场所，生长季节避免喷残效期长的剧毒农药。

第六节　李红点病

【症状】为害果实和叶片。叶片染病时，先出现橙黄色、稍隆起的近圆形斑点，后病部扩大，病斑颜色变深，出现深红色的小粒点（图 5-8）。后期病斑变成红黑色，正面凹陷，背面隆起，上面出现黑色小点。发病严重时，病叶干枯卷曲，引起早期落叶（图 5-9）。果实受害，果面产生橙红色圆形病斑，稍凸起，边缘不明显，初为橙红色，后变为红黑色，散生深色小红点。

图5-8　李红点病为害叶片初期症状

图5-9　李红点病为害叶片后期症状

【防治方法】在李树开花末期至展叶期，喷施下列药剂：

1∶2∶200倍式波尔多液；

50%琥胶肥酸铜可湿性粉剂500~600倍液；

14%络氨铜水剂300~500倍液。

从李树谢花至幼果膨大期，连续喷施下列药剂：

65%代森锌可湿性粉剂 500~600 倍液+50%多菌灵可湿性粉剂 500 倍液；

80%代森锰锌可湿性粉剂 500 倍液+50%异菌脲可湿性粉剂 8 000倍液；

75%百菌清可湿性粉剂 1 000 倍液+40%氟硅唑乳油 5 000 倍液；

70%代森锰锌可湿性粉剂 800 倍液+10%苯醚甲环唑水分散粒剂 2 500倍液等，间隔 10 天左右，遇雨要及时补喷，可有效防治李树红点病。

第七节　李袋果病

【症状】主要为害果实，也为害叶片、枝干。在落花后即显症，初呈圆形或袋状，后变狭长略弯曲，病果表面平滑，浅黄至红色，失水皱缩后变为灰色、暗褐色至黑色，冬季宿留树枝上或脱落（图 5-10、图 5-11）。病果无核，仅能见到未发育好

图 5-10　李袋果病为害果实初期症状

的雏形核。叶片染病，在展叶期变为黄色或红色，叶面肿胀皱

图5-11　李袋果病为害果实后期症状

缩不平，变脆。枝梢受害，呈灰色，略膨胀，弯曲畸形，组织松软；病枝秋后干枯死亡，发病后期湿度大时，病梢表面长出一层银白色粉状物。翌年在这些枯枝下方长出的新梢易发病。

【防治方法】李树开花发芽前，可喷洒下列药剂：

3~4波美度石硫合剂；

1∶1∶100等量式波尔多液；

77%氢氧化铜可湿性粉剂500~600倍液；

30%碱式硫酸铜胶悬剂400~500倍液；

45%晶体石硫合剂30倍液，以铲除越冬菌源，减轻发病。

自李芽开始膨大至露红期，可选用下列药剂：

65%代森锌可湿性粉剂400倍液+50%苯菌灵可湿性粉剂1 500倍液；

70%代森锰锌可湿性粉剂500倍液+70%甲基硫菌灵可湿性粉剂500倍液等，每10~15天喷1次，连喷2~3次。

第八节　李侵染性流胶病

【症状】主要为害枝干。一年生嫩枝染病，初产生以皮孔为中心的疣状小凸起，渐扩大，形成瘤状凸起物，其上散生针头状小黑粒点，即病菌分生孢子器。被害枝条表面粗糙变黑，并以瘤为中心逐渐下陷（图5-12、图5-13）。严重时枝条凋萎枯死。多年生枝干受害产生"水泡状"隆起，并有树胶流出。

图5-12 李侵染性流胶病为害枝干初期症状

图5-13 李侵染性流胶病为害枝干后期症状

【防治方法】 加强果园管理，增强树势。增施有机肥，低洼积水地注意排水，改良土壤，盐碱地要注意排盐，合理修剪，减少枝干伤口。预防病虫伤口。

药剂防治可参考桃树病害——桃树侵染性流胶病。

第九节　李疮痂病

【**症状**】主要为害果实，亦为害枝梢和叶片。果实发病初期，果面出现暗绿色圆形斑点，逐渐扩大，至果实近成熟期，病斑呈暗紫或黑色，略凹陷（图5-14）。发病严重时，病斑密集，聚合连片，随着果实的膨大，果实龟裂。新梢和枝条被害后，呈现长圆形、浅褐色病斑，继后变为暗褐色，并进一步扩大，病部隆起，常发生流胶（图5-15）。病健组织界限明显。叶片受害，在叶背出现不规则形或多角形灰绿色病斑，后转色暗或紫红色，最后病部干枯脱落而形成穿孔，发病严重时可引起落叶。

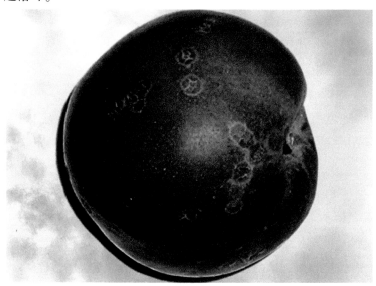

图5-14　李疮痂病为害果实症状

【**防治方法**】早春发芽前将流胶部位病组织刮除，然后涂抹45%晶体石硫合剂30倍液，或喷3~5波美度石硫合剂加80%的五氯酚钠原粉 200~300 倍液，或用 1：1：100 等量式波尔多液，铲除病原菌。

图 5-15　李树疮痂病为害枝条症状

　　生长期于 4 月中旬至 7 月上旬，每隔 20 天用刀纵、横划病部，深达木质部，然后用毛笔蘸药液涂于病部。可用下列药剂：

　　70% 甲基硫菌灵可湿性粉剂 600~800 倍液+50% 福美双可湿性粉剂 300 倍液；

　　80% 乙蒜素乳油 50 倍液；

　　1.5% 多抗霉素水剂 100 倍液处理。

第十节　李子食心虫

　　【为害特征】李子食心虫为鳞翅目小卷叶蛾科害虫（北纬40°~50°地区较多），是危害李子果实最严重的害虫，被害率高达 80%~90%。被害果实常在虫孔处流出泪珠状果胶，不能继续正常发育，渐渐变成紫红色而脱落。因其虫道内积满了红色虫粪，故又形象地称之为"豆沙馅"（图 5-16）。

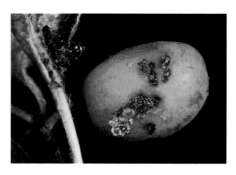

图 5-16　李子食心虫为害特征

【防治方法】李子食心虫防治的关键时期是各代成虫盛期和产卵盛期及第 1 代老熟幼虫入土期。喷施 90% 敌百虫 0.8% 液、50% 马拉硫磷 1% 液。李树生理落果前、冠下土壤普施 1 次 50% 辛硫磷 1%~1.5% 液。

第十一节　柿炭疽病

该病在我国发生很普遍。在华北、西北、华中、华东各省区都有发生（图 5-17）。

图 5-17　柿炭疽病为害情况

【症状】主要为害果实，也可为害新梢、叶片。果实发病初期，在果面上先出现针头大、深褐色或黑色小斑点，后病斑扩大呈近圆形、凹陷病斑；病斑中部密生轮纹状排列的灰色至黑色小粒点（分生孢子盘）；空气潮湿时病部涌出粉红色黏稠物（分生孢子团）。新梢发病初期，产生黑色小圆斑，后扩大呈椭圆形的黑褐色斑块，中部凹陷纵裂，并产生黑色小粒点，新梢易从病部折断，严重时病斑以上部位枯死（图5-18）。叶片受害时，先在叶尖或叶缘开始出现黄褐斑，逐渐向叶柄扩展，病叶常从叶尖焦枯，叶片易脱落（图5-19）。

图5-18　柿炭疽病为害新梢症状

图5-19　柿炭疽病为害叶片症状

【防治方法】在发芽前，喷 1 次 0.5~1 波美度石硫合剂，以减少初次侵染源。

生长季 6 月中旬至 7 月中旬，病害发生初期，喷药防治，可用药剂有：

70%甲基硫菌灵可湿性粉剂 800~1 000倍液+80%代森锰锌可湿性粉剂 600~800 倍液；

50%多菌灵可湿性粉剂 500~800 倍液+80%福美锌·福美双可湿性粉剂 500~800 倍液；

60%噻菌灵可湿性粉剂 1 500~2 000倍液+65%代森锌可湿性粉剂 600~800 倍液；

10%苯醚甲环唑水分散粒剂 1 500~2 000倍液；

40%氟硅唑乳油 8 000~10 000倍液；

5%己唑醇悬浮剂 800~1 500倍液。

第十二节　柿角斑病

【症状】叶片受害初期正面出现不规则形黄绿色病斑，边缘较模糊，斑内叶脉变为黑色。以后病斑逐渐加深呈浅黑色，10 多天后病斑中部褪成浅褐色。病斑扩展由于受叶脉限制，最后呈多角形，其上密生黑色绒状小粒点，有明显的黑色边缘（图 5-20）。柿蒂发病时，呈淡褐色，形状不定，由蒂的尖端逐渐向内扩展。蒂两面均可产生绒状黑色小粒点，落叶后柿子变软，相继脱落，而病蒂大多残留在枝上。

【防治方法】可在柿芽刚萌发、苞叶未展开前喷等量式波尔多液或 30%碱式硫酸铜胶悬剂 400 倍液；苞叶展开时喷施 80%代森锰锌可湿性粉剂 350 倍液。

喷药保护要抓住关键时间，一般为 6 月下旬至 7 月下旬，即落花后 20~30 天。可选用下列药剂：

70%甲基硫菌灵可湿性粉剂 1 000~1 500倍液+75%百菌清

图 5-20 柿角斑病为害叶片症状

可湿性粉剂 600~800 倍液；

53.8%氢氧化铜悬浮剂 700~900 倍液；

25%多菌灵可湿性粉剂 600~1 000倍液+70%代森锰锌可湿性粉剂 800~1 000倍液；

50%异菌脲可湿性粉剂 1 000~1 500倍液+50%敌菌灵可湿性粉剂 500~600 倍液；

40%多菌灵·硫磺悬浮剂 400~500 倍液；

50%嘧菌酯水分散粒剂 5 000~7 000倍液；

25%烯肟菌酯乳油 2 000~3 000倍液；

25%吡唑醚菌酯乳油 1 000~3 000倍液；

10%苯醚甲环唑水分散粒剂 1 500~2 000倍液；

5%亚胺唑可湿性粉剂 600~700 倍液；

40%腈菌唑水分散粒剂 6 000~1 000倍液；

20%邻烯丙基苯酚可湿性粉剂 600~1 000倍液等，间隔 8~10 天再喷 1 次。

第十三节 柿圆斑病

【症状】主要为害叶片，也能为害果实、柿蒂。叶片染病，初生圆形小斑点，叶面浅褐色，边缘不明显，后病斑转为深褐色，中部稍浅，外围边缘黑色（图5-21），病叶在变红的过程中，病斑周围现出黄绿色晕环（图5-22），后期病斑上长出黑色小粒点，严重者仅7~8天病叶即变红脱落，留下柿果。柿果亦逐渐转红、变软，大量脱落。柿蒂染病，病斑圆形褐色，病斑小。

图5-21　柿圆斑病为害叶片初期症状

【防治方法】春季柿树发芽前要全树喷洒1次5波美度石硫合剂，以铲除越冬病菌。

可于6月上旬（柿落花后20~30天），喷洒下列药剂：

1:5:500倍式波尔多液；

30%碱式硫酸铜胶悬剂400~500倍液；

80%代森锰锌可湿性粉剂600~800倍液；

75%百菌清可湿性粉剂600~800倍液；

70%甲基硫菌灵可湿性粉剂800~1 000倍液；

65%代森锌可湿性粉剂500~600倍液；

50%异菌脲可湿性粉剂1 000~1 500倍液；

50%苯菌灵可湿性粉剂1 500~1 800倍液；

25%吡唑醚菌酯乳油1 000~3 000倍液；

图 5-22 柿圆斑病为害叶片后期症状

40%腈菌唑水分散粒剂 6 000~7 000倍液；

25%丙环唑乳油 500~1 000倍液。如降雨频繁，半月后再喷
1 次。

第十四节 柿黑星病

【症状】主要为害叶、果和枝梢。叶片染病（图 5-23、图
5-24），初在叶脉上生黑色小点，后沿脉蔓延，扩大为多角形或
不定形，病斑漆黑色，周围色暗，中部灰色，湿度大时背面现
出黑色霉层。枝梢染病，初生淡褐色斑，后扩大成纺锤形或椭
圆形，略凹陷，严重的自此开裂呈溃疡状或折断。果实染病，
病斑圆形或不规则形，稍硬化呈疮痂状，也可在病斑处裂开，
病果易脱落。

【防治方法】在萌芽前喷洒 5 波美度石硫合剂或 1 : 5 : 400
倍式波尔多液 1~2 次。

生长季节一般掌握在 6 月上中旬，柿树落花后，喷洒下列
药剂：

图5-23　柿黑星病为害叶片初期症状

图5-24　柿黑星病为害叶片后期症状

50%多菌灵可湿性粉剂600~800倍液+70%代森锰锌可湿性

粉剂 500~600 倍液；

　　50%苯菌灵可湿性粉剂 1 000~1 500倍液+50%克菌丹可湿
性粉剂 400~500 倍液；

　　50%嘧菌酯水分散粒剂 1 000~2 000倍液；

　　25%吡唑醚菌酯乳油 1 000~3 000倍液；

　　20%邻烯丙基苯酚可湿性粉剂 600~1 000倍液。在重病区第
1 次喷药后半个月再喷 1 次，则效果更好。

第十五节　柿蒂虫

　　柿蒂虫（图 5-25），又名柿实蛾、柿钻心虫。属鳞翅目，
举肢蛾科。雌蛾体长 7mm，翅展 15~17mm；雄蛾体长约
5.5mm，翅展 14~15mm。

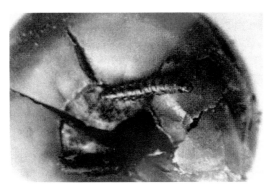

图 5-25　柿蒂虫

　　头部黄褐色，复眼红褐色，全体紫褐色，胸部中央黄褐色。
触角丝状。前、后翅狭长，翅端和后缘具长缘毛。前翅近顶角
处有一黄色条斑。后足长，静止时向后上方伸举，足和腹末呈
黄褐色。

　　【为害特点】幼虫蛀害果实，多从果蒂基部蛀入幼果内食

害，虫粪排于蛀孔外。早期的被害果由绿色变为灰白色，灰褐色至黑色，称为"黑柿"，最后干枯，由于幼虫吐丝缠绕果柄，不易脱落。后期幼虫在果蒂下蛀食，蛀孔处常以丝缀结虫粪，被害果提前发黄变红，变软脱落，俗称"柿烘"。一般年份受害果率10%~20%，严重时高达90%以上，满树柿子常因柿蒂虫危害，采收前大部分早落，甚至绝收，造成严重减产。

【防治方法】

（1）2月中旬起彻底刮除树干枝老翘皮。树干下培土堆，高20cm以上，范围距树基60cm，6月中旬后扒除。堵树洞，用黄土掺石灰，3比1混合，堵严抹死，压低越冬虫量。

（2）利用柿蒂虫缺沟姬蜂。该蜂一年发生2代，以幼虫在寄主幼虫体内越冬，在寄主幼虫化蛹前食尽其体内物质而发育老熟，咬破寄主幼虫体壁蠕动而出，在寄主茧内再结一长棒形茧化蛹。没有柿蒂虫缺沟姬蜂的地方要引进该蜂，寄生率低的地方要采取保护措施，提高寄生率。

（3）利用白僵菌。可在柿蒂虫为害严重的树干，喷白僵菌液。最好在阴雨天湿度大时喷。

（4）化学防治。5月上旬至6月上旬、7月下旬至8月中旬，在幼虫发生高峰期，用溴氰菊酯、对硫磷、菊马乳油等防治。

第十六节　柿树长绵蚧

柿树长绵蚧也叫树虱子，是为害柿树的主要害虫之一，此外也会为害柑桔和木槿，其中柿树受害程度最为严重。除了会减弱树势，也会降低柿子树的产量，也会影响柿子的商品价值。

【分布、为害及传播】柿长绵蚧在华北各地都有分布，主要为害柿树、苹果、梨、葡萄及有关林木。以成虫、若虫聚集在嫩枝、叶片和果实上吸食汁液。枝、叶被害后失绿，变褐色；

果实受害部位逐渐凹陷，变黑色，最后软化脱落（图 5-26）。树体受害轻者变弱，落叶落果，重者枝梢枯死，严重影响产量和果实品质。近距离传播主要是爬行，借助风力、雨水、鸟类及昆虫携带也可传播，远距离传播主要靠调运苗木、接穗和果品带虫调运。

图 5-26　柿树长绵蚧为害症状

【发生规律】柿长绵蚧在山东招远每年发生 1 代，以 3 龄若虫在枝条和树皮裂缝中做椭圆形白色茧越冬。翌春，柿树萌芽期，越冬若虫开始出蛰，在嫩枝、叶片上吸食汁液。雌若虫在 4 月上中旬变成虫，雄成虫羽化交尾后即死亡。雌成虫约在 4 月下旬、5 月上旬开始到叶背面分泌白色绵状物，形成孵囊，产卵其中。卵期 15~20 天，5 月上中旬开始孵化，5 月中下旬为孵化盛期。初孵若虫为浅黄色，孵化后成群聚集爬至叶片上，固着在叶背主侧脉附近及叶柄处吸食为害。6 月下旬至 7 月上旬蜕第 1 次皮，8 月中下旬蜕第 2 次皮，10 月下旬发育为 3 龄，在枝干老皮和裂缝处结茧越冬。柿长绵蚧有寄生性天敌（寄生蜂），应注意保护。

【防治方法】

（1）人工防治。结合冬剪，剪除带虫枝条，3 月上旬彻底清园清树，将剪下枝条、枯枝落叶清理远离果园。刮除老翘皮，同时用硬毛刷刷树体裂缝隙中越冬茧，并涂刷40%水胺硫磷乳油1 000倍液。

（2）药剂防治。芽萌动前喷1次5波美度石硫合剂，杀灭越冬若虫。在卵孵化盛期和1龄若虫发生盛期，连续喷2次杀虫剂。使用药剂有：20%氰戊菊酯乳油2 000~3 000倍液、30%桃小灵乳油1 500~2 000倍液、20%甲氰菊酯2 000~3 000倍液、52%农地乐乳油1 500~2 000倍液、90%万灵可湿性粉剂3 000~5 000倍液。

第六章　枣病虫害

第一节　枣锈病

【症状】仅为害叶片，发病初期在叶片背面散生淡绿色小点，后逐渐突起成黄褐色锈斑，多发生在叶脉两侧及叶尖和叶基。后期破裂散出黄褐色粉状物（图6-1）。叶片正面，在与夏孢子堆相对处呈现许多黄绿色小斑点，叶面呈花叶状，逐渐失去光泽，最后干枯早落（图6-2）。

图6-1　枣锈病为害叶片背面症状

【防治办法】合理密植，修剪过密枝条，以利通风透光，增强树势，雨季及时排水，防止果园过湿，行间不种高秆作物和

图6-2 枣锈病为害叶片正面症状

西瓜、蔬菜等经常灌水的作物。落叶后至发芽前，彻底清扫枣园内落叶，集中烧毁或深翻掩埋土中，消灭初侵染源。

6月中旬，夏孢子萌发前，喷施下列药剂进行预防：

80%代森锰锌可湿性粉剂600~800倍液；

65%代森锌可湿性粉剂500~600倍液等。

在7月中旬枣锈病的盛发期喷药防治，可用下列药剂：

20.67%恶唑菌酮·氟硅唑2 000~2 500倍液；

25%三唑铜可湿性粉剂1 000~1 500倍液；

10%苯醚甲环唑水分散粒剂1 000~1 500倍液；

12.5%烯唑醇可湿性粉剂1 000~2 000倍液；

50%多菌灵可湿性粉剂800~1 000倍液；

50%甲基硫菌灵可湿性粉剂1 000~1 500倍液；

20%萎锈灵乳油600~800倍液；

97%敌锈钠可湿性粉剂500~600倍液；

12.5%腈菌唑乳油2 000~3 000倍液，间隔15天再喷施

1 次。

第二节　枣疯病

【症状】枣疯病的发生，一般是先从一个或几个枝条开始，然后再传播到其他枝条，最后扩展至全株，但也有整株同时发病的。症状特点是枝叶丛生，花器变为营养器官（图 6-3），花柄延长成枝条，花瓣、萼片和雄蕊肥大、变绿、延长成枝叶，雌蕊全部转化成小枝。病枝纤细，节间变短，叶小而萎黄，一般不结果。病树健枝能结果，但其所结果实大小不一，果面凹凸不平，着色不匀，果肉多渣，汁少味淡，不堪食用。后期病根皮层变褐腐烂，最后整株枯死。

图 6-3　枣疯病为害花器叶变症状

【防治方法】于早春树液流动前和秋季树液回流至根部前，注射 1 000 万单位土霉素 100ml/株或 0.1% 四环素 500ml/株。

以 4 月下旬、5 月中旬和 6 月下旬为最佳喷药防治传毒害虫时期，全年共喷药 3~4 次。可喷施下列药剂：

25%喹硫磷乳油 1 000~1 500倍液；

80%敌敌畏乳油 800~1 000倍液；

50%辛硫磷乳油 1 000~2 000倍液；

50%杀螟硫磷乳油 1 000~1 500倍液；

20%异丙威乳油 500~800 倍液；

10%氯氰菊酯乳油 2 000~3 000倍液；

20%氰戊菊酯乳油 1 000~2 000倍液 2.5%溴氰菊酯乳油 2 000~2 500倍液；

10%联苯菊酯乳油 2 000~2 500倍液等。

第三节　枣炭疽病

【症状】 主要为害果实，也可侵染枣吊、枣叶、枣头及枣股。染病果实着色早，在果肩或果腰处出现淡黄色水渍状斑点，逐渐扩大成不规则形黄褐色斑块，中间产生圆形凹陷病斑，病斑扩大后连片，呈红褐色，引起落果。在潮湿条件下，病斑上长出许多黄褐色小凸起。剖开病果，果核变黑，味苦，不能食用。轻病果虽可食用，但均带苦味，品质变劣。叶片受害后变黄绿早落，有的呈黑褐色焦枯状悬挂在枝头（图6-4、图6-5）。

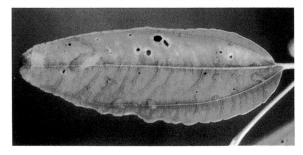

图6-4　枣炭疽病为害叶片初期症状

【防治方法】 于发病期前的6月下旬喷施一次杀菌剂消灭树

图 6-5　枣炭疽病为害叶片后期症状

上病源，可选用下列药剂：

75%百菌清可湿性粉剂 600~800 倍液；

77%氢氧化铜可湿性粉剂 400~600 倍液；

于 7 月下旬至 8 月下旬，间隔 10 天喷药 1 次，可选用下列药剂：

1：2：200 倍式波尔多液；

50%苯菌灵可湿性粉剂 500~600 倍液；

40%氟硅唑乳油 8 000~10 000倍液；

70%甲基硫菌灵可湿性粉剂 800~1 000倍液；

50%多菌灵可湿性粉剂 800~1 000倍液等。

5%亚胺唑可湿性粉剂 600~700 倍液，保护果实，至 9 月上中旬结束喷药。

第四节　枣树绿盲蝽

绿盲蝽又叫牧草盲蝽、小臭虫、破头疯（图 6-6），寄主植物广泛，为害多种果树、蔬菜、棉花、苜蓿等作物。

图 6-6　枣树绿盲蝽

【为害特点】绿盲蝽以成虫和若虫刺吸枣树幼芽、嫩叶、花蕾及幼果,被害叶芽上先出现失绿斑点,随着叶片的伸展,小斑点逐渐变为不规则的孔洞,俗称"破叶疯""破天窗";花蕾受害后停止发育,枯死脱落,重者枣花全部脱落;受害幼果有的出现黑色坏死斑,有的出现隆起的小疱,果肉组织坏死,受害严重者枣果脱落。

【发生规律】绿盲蝽每年发生 5 代,以卵在杂草、病残体及浅层土壤中越冬,翌年 3—4 月日均温达到 10℃以上、空气相对湿度 70%左右时卵开始孵化。枣树发芽时开始上树为害,第 1 代为害盛期在 5 月上旬,第 2 代为害盛期在 6 月中旬,第 3～5 代为害盛期分别在 7 月中旬、8 月中旬和 9 月中旬。

成虫寿命 30～50 天,世代重叠严重。成虫飞翔力强,若虫爬行迅速,白天潜伏,清晨和夜晚取食为害。绿盲蝽的发生与气候条件关系密切,气温 20～30℃、相对湿度 80%～90%的气候条件最适宜其发生。

【防治措施】

(1) 清洁枣园。枣树落叶后于入冬前清扫落叶、烂果、杂草,彻底刮除主干、主枝上的翘皮,集中销毁;树干涂白或涂石硫合剂渣。

（2）涂抹粘虫胶环。5月上旬、6月上旬在树干中上部和主枝基部涂抹宽 5cm 的粘虫胶环，粘杀绿盲蝽成虫和若虫效果明显。

（3）药剂防治。枣树萌芽期喷 1 500 倍液 10%高效氯氰菊酯、3 000 倍液 20%速灭杀丁防治。避开中午高温时段，在清晨、傍晚喷药。

（4）保护天敌。草蛉、小花蝽、蜘蛛等对绿盲蝽有较好的控制作用，应注意保护和利用。

（5）合理间作。避免在枣园内间作玉米、大豆、白菜等绿盲蝽寄主植物。

第五节　枣黏虫

枣黏虫以幼虫为害枣芽、枣花、枣叶，并蛀食枣果。造成枣花枯死，枣果脱落严重影响产量。常将叶片吃光削弱树势，造成减产。

【形态特征】成虫为小型蛾子，体长 6~7mm，翅展 14mm，体黄褐色，前翅长方形，顶角成尖状突出，黄褐色，前缘有 10 多条黑褐色斜纹，中部有 2 条黑褐色纵纹。后翅深灰色，缘毛较长。足黄色，跗节有黑褐色环纹。卵扁平椭圆形，表面有网纹，初产时无色透明，以后变为红黄色至橘红色。

幼虫黄绿色，头赤褐色，胸部黄色，前胸背板赤褐色分 2 片，两侧与前足之间各有 2 个，腹末节背面有山字形赤褐色纹，有臀栉 3~6 根（图6-7）。蛹赤褐色，腹部各节前后缘各有 1 列齿状突起，腹末有 8 根端部弯曲的刚毛。茧白色。

【发生规律】1 年发生 3 代，以蛹在枣树主干的粗皮缝隙中越冬，次年春天羽化为成虫产卵于嫩芽和枝条上，4—6 月发生第一代，6—7 月发生第二代，7—9 月发生第三代，9 月上旬开

图6-7 枣黏虫

始化蛹越冬。

第一代幼虫为害芽和嫩叶，第二代为害花、叶和幼果，第三代为害叶、啃食果皮蛀入果实为害，造成落果影响产量。成虫白天潜伏在叶背或树下杂草中，夜间活动，对灯光有趋性。羽化后次日交尾产卵，卵多产于叶面主脉两侧，每叶1~3粒。

每只雌虫产卵200粒左右。幼虫为害叶时吐丝粘叶，在内啃食叶肉成网膜状，为害花时钻入花序取食，枣花变黑不落，为害果实时啃食果皮或钻入果实蛀食排出粪便，被害果很快发红脱落。

幼虫常将被害果和叶粘在一起，经久不落。幼虫能吐丝下垂，随风漂移，老熟时在叶包内、枣果内和树皮缝隙结白色薄茧化蛹。高温不利于此虫发生。

【防治方法】

（1）春季气温上升前刮除老翘皮消灭越冬蛹。

（2）秋末树干束草诱集越冬幼虫化蛹，早春解下烧掉。

（3）灯光诱杀。成虫期用黑光灯诱杀。

（4）药剂防治。树发芽期喷辛硫磷等，果期可喷2.5%溴氰菊酯乳油6 000倍液，或50%杀螟松乳油1 000~2 000倍液。

第七章　樱桃病虫害

櫻桃属于薔薇科落叶乔木果树。樱桃成熟时颜色鲜红，玲珑剔透，味美形娇，营养丰富，医疗保健价值颇高，又有"含桃"的别称。

第一节　樱桃褐斑穿孔病

【症状】主要为害叶片，叶面初生针头状大小带紫色的斑点，渐扩大为圆形褐色斑，病部长出灰褐色霉状物。后病部干燥收缩，周缘产生离层，常由此脱落成褐色穿孔，边缘不整齐（图7-1、图7-2）。病斑上具黑色小粒点，即病菌的子囊壳或分生孢子梗。亦为害新梢和果实，病部均生出灰褐色霉状物。

图7-1　樱桃褐斑穿孔病为害叶片初期症状

图 7-2 樱桃褐斑穿孔病为害叶片后期症状

【防治方法】果树发芽前，喷施一次 4~5 波美度石硫合剂。发病严重的果园要以防为主，可在落花后，喷施下列药剂：

70%甲基硫菌灵可湿性粉剂 800~1 000 倍液；

50%多菌灵可湿性粉剂 800~1 000 倍液；

70%代森锰锌可湿性粉剂 600~800 倍液；

3%中生菌素可湿性粉剂 500~600 倍液；

50%混杀硫悬浮剂 500~600 倍液，间隔 7~10 天防治 1 次，共喷施 3~4 次。

在采果后，全树再喷施一次药剂。

第二节　樱桃褐腐病

【症状】主要为害叶、果、花。叶片染病，多发生在展叶期，初在病部表面产生不明显褐斑，后扩及全叶，上生灰白色粉状物。幼果染病，表面初现褐色病斑，后扩及全果，致果实收缩，成为畸形果（图 7-3），病部表面产生灰白色粉状物，即病菌分生孢子。病果多挂在树梢上，成为僵果。花染病，花器于落花后变成淡褐色，枯萎，长时间挂在树上不落，表面生有灰白色粉状物。

图7-3　樱桃褐腐病为害果实症状

【**防治方法**】开花前或落花后，可用下列药剂：

70%甲基硫菌灵可湿性粉剂800~1 000倍液；

50%多菌灵可湿性粉剂600~800 倍液；

50%腐霉利可湿性粉剂1 500~2 000倍液；

50%异菌脲可湿性粉剂1 000~1 500倍液。

第三节　樱桃侵染性流胶病

【**症状**】侵染性流胶病是樱桃的一种重要病害，其症状分为干腐型和溃疡型流胶两种。干腐型流胶，多发生在主干、主枝上，初期病斑不规则，呈暗褐色，表面坚硬，常引发流胶，后期病斑呈长条形，干缩凹陷，有时周围开裂，表面密生小黑点。溃疡型流胶，病部树体有树脂生成，但不立即流出，而存留于木质部与韧皮部之间，病部微隆起，随树液流动，从病部皮孔或伤口处流出。病部初为无色略透明或暗褐色，坚硬（图7-4）。

【**防治方法**】加强果园管理，合理建园，改良土壤。大樱桃

图7-4 樱桃侵染性流胶病为害枝条症状

适宜在沙质壤土和壤土上栽培，加强土、肥、水管理，提高土壤肥力，增强树势。合理修剪，一次疏枝不可过多，对大枝也不宜疏除，避免造成较大的剪锯口伤，避免流胶或干裂，削弱树势。树形紊乱，非疏除不可时，也要分年度逐步疏除大枝，掌握适时适量为好。

第四节　樱桃细菌性穿孔病

【症状】主要为害叶片，也为害果实和枝条。叶片受害，开始时产生半透明油浸状小斑点，后逐渐扩大，呈圆形或不规则圆形，紫褐色或褐色，周围有淡黄色晕环。天气潮湿时，在病斑的背面常溢出黄白色胶黏的菌脓，后期病斑干枯，在病、健部交界处，发生一圈裂纹，仅有一小部分与叶片相连，很易脱落形成穿孔（图7-5）。

【防治方法】加强果园管理，增施有机肥和磷钾肥，增强树势，提高抗病能力。土壤黏重和雨水较多时，改土防水。合理整形修剪，改善通风透光条件。冬夏修剪时，及时剪除病枝，清扫病叶，集中烧毁或深埋。

药剂防治可参考桃细菌性穿孔病。

图7-5 樱桃细菌性穿孔病为害叶片后期症状

第五节 樱桃炭疽病

【**症状**】主要为害果实，也可为害叶片和枝梢。果实发病，常发生于硬核期前后，发病初期出现暗绿色小斑点，病斑扩大后呈圆形、椭圆形凹陷，逐渐扩展至整个果面，使整果变黑，收缩变形以致枯萎。天气潮湿时，在病斑上长出橘红色小粒点。叶片受害，病斑呈灰白色或灰绿色近圆形病斑，病斑周围呈暗紫色（图7-6、图7-7），后期病斑中部产生黑色小粒点，呈同

图7-6 樱桃炭疽病为害叶片初期症状

图 7-7　樱桃炭疽病为害叶片后期症状

心轮纹排列。枝梢受害，病梢多向一侧弯曲，叶片萎蔫下垂，向正面纵卷成筒状。

【防治方法】 落花后可选用下列药剂：

70%甲基硫菌灵可湿性粉剂 600~800 倍液；

50%多菌灵可湿性粉剂 600~1 000倍液；

80%代森锰锌可湿性粉剂 600~800 倍液；

80%福美双·福美锌可湿性粉剂 800~1 000倍液；

10%苯醚甲环唑水分散粒剂 1 500~2 000倍液；

40%氟硅唑乳油 8 000~10 000倍液；

5%己唑醇悬浮剂 800~1 500倍液；

40%腈菌唑水分散粒剂 6 000~7 000倍液；

25%咪鲜胺乳油 800~1 000倍液；

50%咪鲜胺锰络化合物可湿性粉剂 1 000~1 500倍液；

6%氯苯嘧啶醇可湿性粉剂 1 000~1 500倍液等，喷雾防治。间隔 5~7 天喷 1 次，连喷 2~3 次。

第六节　樱桃叶斑病

【症状】 主要为害叶片。初在叶脉间形成褐色或紫色近圆形的坏死病斑，叶背产生粉红色霉，后病斑融合可使叶片大部分枯死造成落叶（图7-8、图7-9）。有时叶柄和果实也能受害，产生褐色斑。

图7-8　樱桃叶斑病为害叶片正面症状

图7-9　樱桃叶斑病为害叶片背面症状

【**防治方法**】扫除落叶，消灭越冬病源。加强综合管理，改善园地条件，增强树势，提高树体抗病力。及时开沟排水，疏除过密枝条，改善樱桃园通风透光条件，避免园内湿气滞留。

药剂防治可参考樱桃褐斑穿孔病。

第七节　樱桃腐烂病

【症状】主要为害主干和主枝，造成树皮腐烂，致使枝枯树死。自早春至晚秋都可发生，其中4—6月发病最盛。初期病部皮层稍肿起，略带紫红色并出现流胶，最后皮层变褐色枯死，有酒糟味，表面产生黑色凸起小粒点（图7-10）。

【防治方法】适当疏花疏果，增施有机肥，及时防治造成早期落叶的病虫害。

在樱桃发芽前刮去翘起的树皮及坏死的组织，然后向病部喷施50%福美双可湿性粉剂300倍液。

图7-10　樱桃腐烂病染病枝条皮层褐变症状

生长期发现病斑，可刮去病部，涂沫下列药剂：

70%甲基硫菌灵可湿性粉剂1份，加植物油2.5份；

50%多菌灵可湿性粉剂50~100倍液；

70%百菌清可湿性粉剂50~100倍液等，间隔7~10天再涂

1次，防效较好。

第八节　樱桃花叶病

【症状】感病后生长缓慢，开花略晚，果实稍扁，微有苦味。早春发芽后不久，即出现黄叶，4—5月最多，叶片黄化但不变形，只呈现鲜黄色病部或乳白色杂色，或发生褪绿斑点和扩散形花叶（图7-11）。高温适宜这种病株出现，尤其在保护地栽培中发病较重。

【防治方法】蚜虫发生期，喷药防治蚜虫。可用药剂有：

10%吡虫啉可湿性粉剂2 000~3 000倍液；

10%氯氰菊酯乳油2 000~2 500倍液；

80%敌敌畏乳油1 000~1 500倍液；

图7-11　樱桃花叶病褪绿症状

50%抗蚜威可湿性粉剂1 500~2 000倍液等。

在病害发生初期，可喷施下列药剂：

20%盐酸吗啉胍·乙酸铜可湿性粉剂500~600倍液；

1. 5%植病灵乳剂 500~1 000倍液；

10%混合脂肪酸乳油 200~300 倍液；

0. 5%菇类蛋白多糖水剂 250~300 倍液；

5%菌毒清水剂 300~500 倍液；

4%嘧肽霉素水剂 200~250 倍液，喷洒叶面，间隔 7~10 天喷 1 次，连续喷施 2~3 次。

第九节 樱桃树桑盾蚧

桑盾蚧又称桑白蚧、桑白盾蚧、桑介壳虫、桃介壳虫（图7-12）。属同翅目，盾蚧壳科。在我国果区发生较严重。除了为害樱桃、桃、李、杏等核果类果树，还为害枇杷、梨、葡萄、柿、核桃、梅等。

图 7-12 樱桃树桑盾蚧

一、为害症状

以若虫和雌虫聚集固着枝条刺吸为害。2~3 年生枝条受害最重，严重时整个枝条被虫体覆盖起来，使枝条呈灰白色。受害重的枝条发育不良，甚至整株枯死。

二、发生规律

由北向南，1年发生2~5代，山东露地2代，保护地约3代，四川、浙江3代，广东5代。以受精雌虫在枝条上越冬。翌年樱桃树芽萌动后，越冬雌虫开始产卵，一雌虫产卵40~400粒。

5月上旬至中旬出现第一代若虫，若虫爬行在母体附近的枝干上吸食汁液，固定后分泌白色蜡粉，形成蚧壳。6月下旬出现第一代成虫，7月中下旬产第二代卵，第二代若虫孵化盛期为8月上旬。9月下旬发育成受精雌成虫进入越冬。

三、防治技术

（一）人工防治

冬季、早春结合修剪，人工刮除枝条上的越冬虫体，剪除受害严重的枝条。

（二）生物防治

红点唇瓢虫是主要天敌，应注意保护利用。

（三）药剂防治

早春樱桃树发芽前喷5波美度石硫合剂，或用90%机油乳剂50倍液。各代卵孵化盛期即若虫分散期喷施10%吡虫啉可湿性粉剂2 000倍液或40%毒死蜱乳油1 000倍液，或用5.7%高效氯氰菊酯乳油1 500倍液。

第十节　樱桃大青叶蝉

大青叶蝉又叫大绿浮尘子（图7-13），为害桃、李、苹果、梨等果树，还为害各种农作物及花卉、蔬菜、林木等。以成虫和若虫刺吸树液并分泌诱发煤污病的蜜露污染树木叶片，使其长势衰弱。同时传播植物病毒。成虫秋末将越冬产卵于幼嫩枝条的皮下，造成大量伤口使枝条失水枯死，影响幼树成活。

图 7-13　樱桃大青叶蝉

【形态特征】成虫为绿色小蚂蚱，体长 7.4~10.1mm，能飞善跳，头部颜面淡褐色，复眼绿色。胸背前半部淡黄绿色，其后半部深青绿色；前翅青蓝绿色，前缘淡白，端部透明。后翅烟黑色，半透明。

胸腹腹面及足橙黄色。卵白色微黄，长 1.6mm、宽 0.4mm。长卵形，中间微弯，一端稍细，表面光滑。若虫初孵化白色微黄绿，头大腹小，复眼红色。孵化 2~6 小时后，体色变淡黄、浅灰或灰黑色。3 龄后出现翅芽。老熟若虫体长 6~7mm，头冠部 2 黑斑，胸背及两侧有 4 条褐色纵纹直达腹端。

【发病规律】1 年发生 3 代，各代发生期为 4 月上旬至 7 月上旬、6 月上旬至 8 月中旬、7 月中旬至 11 月中旬。均以卵在果树、林木嫩枝和枝干部皮层内越冬。

初孵若虫喜群聚取食。寄主叶面或嫩茎上常见 10~20 个若虫群聚为害，受惊后由叶面斜行或横行向叶背逃避，或跳跃而逃。若虫孵出3天后大多由原来产卵寄主植物上，移到矮小的寄主如禾本科上为害。

成虫遇惊如同若虫一样或跃足振翅而飞，趋光性很强，喜集中在潮湿背风处生长茂密、嫩绿多汁的寄主上昼夜刺吸为害；经1个多月的补充营养后才交尾产卵。

雌虫交尾后1天即可产卵。产卵时雌成虫用锯状产卵器刺破寄主植物表皮形成月牙形产卵痕、成排的卵块即分布于植物表皮下，每块有卵2~15粒，每雌产卵3~10块。夏季卵多产于禾本科植物的茎秆和叶鞘上，越冬卵则产于木本寄主幼嫩光滑的枝干上、以直径1.5~5cm的枝条着卵密度最大，苗木、幼树、成龄树着卵部位均和此相关，着卵枝条常在越冬时死亡。卵期夏、秋季9~15天，越冬期则长达5个月以上。

【防治方法】

（1）春季果树修剪时剪除有虫卵枝条，减少虫源。

（2）成虫盛发期间，可采用人工网捕和利用灯光诱杀。

（3）若虫、成虫盛发期，可用40%乐果乳油800~1000倍液，或用2.5%溴氰菊酯乳油2500倍液喷杀。

（4）秋季及时清除杂草，并对树下部枝条及地面进行药剂防治，消灭成虫，也可在秋末用石灰水进行枝条涂白防止产卵。

第八章　葡萄病虫害

葡萄原产于欧洲、西亚和北非一带。我国的种植面积约500万亩。葡萄适应性很强，我国主要产于新疆维吾尔自治区、甘肃、山西、河北、河南、山东等地。

第一节　葡萄霜霉病

葡萄霜霉病在世界各葡萄产区均有发生。在我国沿海、长江流域及黄河流域，此病广泛流行。生长早期发病可使新梢、花穗枯死（图8-1）；中后期发病可引起早期落叶或大面积枯斑

图8-1　葡萄霜霉病为害田间初期症状

而严重削弱树势，影响下一年产量（图8-2）。病害引起新梢生长低劣、不充实、易受冻害，引起越冬芽枯死。

图8-2　葡萄霜霉病为害田间后期症状

【症状】主要为害叶片，也为害新梢、叶柄、卷须、幼果、果梗及花序等幼嫩部分。叶片受害，初期在叶片正面产生半透明油渍状的淡黄色小斑点，边缘不明显；随后逐渐变成淡绿色至黄褐色的多角形大斑，后变黄枯死。在潮湿的条件下，叶片背面形成白色的霜霉状物。发病严重时，造成叶片脱落，从而降低果粒糖分的积累和越冬芽的抗寒力。新梢、叶柄及卷须受害，产生水浸状、略凹陷的褐色病斑，潮湿时产生白色霜霉状物。幼果从果梗开始发病，受害幼果呈灰色，果面布满白色霉层（图8-3）。病粒易脱落，留下干的梗疤。部分穗轴或整个果穗也会脱落。

【防治方法】葡萄发芽前，可在植株和附近地面喷1次3~5波美度的石硫合剂，以杀灭菌源，减少初侵染。

从6月上旬坐果初期开始，喷施下列药剂进行预防：

75％百菌清可湿性粉剂600~800倍液；

80％代森锰锌可湿性粉剂600~800倍液；

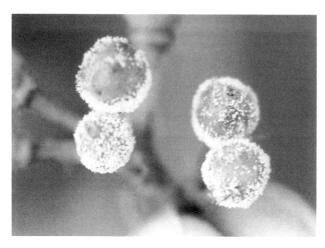

图 8-3　葡萄霜霉病为害幼果症状

70%丙森锌可湿性粉剂 400~600 倍液；

56%氧化亚铜悬浮剂 800~1 000倍液；

70%百菌清·福美双可湿性粉剂 600~800 倍液；

50%多菌灵·福美双可湿性粉剂 400~500 倍液；

77%硫酸铜钙可湿性粉剂 500~700 倍液；

80%波尔多液可湿性粉剂 300~400 倍液；

50%克菌丹可湿性粉剂 400~500 倍液；

50%灭菌丹可湿性粉剂 200~400 倍液等。

在病害发生初期（图 8-4），可用下列药剂：

1.5%多抗霉素可湿性粉剂 300~500 倍液；

68.75%恶唑菌酮·代森锰锌可分散粒剂 800~1 200倍液；

68%精甲霜灵·代森锰锌水分散粒剂 550~660 倍液；

60%吡唑醚菌酯·代森联水分散粒剂 1 000~2 000倍液；

66.8%丙森锌·缬霉威可湿性粉剂 700~1 000倍液；

25%烯酰吗啉·松脂酸铜水乳剂 800~1 000倍液；

69%烯酰吗啉·代森锰锌可湿性粉剂 1 000~1 500倍液；

图8-4 葡萄霜霉病发病初期症状

40%克菌丹·戊唑醇悬浮剂1 000~1 500倍液;

50%氟吗啉·三乙膦酸铝可湿性粉剂800~1 500倍液;

50%嘧菌酯水分散粒剂5 000~7 000倍液;

58%甲霜灵·代森锰锌可湿性粉剂300~400 倍液;

50%甲霜灵·乙膦铝可湿性粉剂750~1 000倍液;

72%甲霜灵·百菌清可湿性粉剂800~1 000倍液,喷雾时要注意叶片正面和背面都要喷洒均匀。病害发生中期(图8-5),可用下列药剂:

50%甲呋酰胺可湿性粉剂800~1 000倍液;

图8-5 葡萄霜霉病发病中期症状

25%甲霜灵可湿性粉剂 500~800 倍液；

50%恶霜灵可湿性粉剂 2 000倍液；

20%唑菌胺酯水分散粒剂 1 000~2 000倍液；

25%烯肟菌酯乳油 2 000~3 000倍液；

10%氰霜唑悬浮剂 2 000~2 500倍液；

12.5%噻唑菌胺可湿性粉剂 1 000倍液；

25%甲霜灵・霜霉威可湿性粉剂 600~800 倍液；

25%双炔酰菌胺悬浮剂 1 500~2 000倍液；

25%烯肟菌胺・霜脲氰可湿性粉剂 2 250~4 500倍液；

80%三乙膦酸铝可湿性粉剂 400~600 倍液；

50%烯酰吗啉可湿性粉剂 800~1 500倍液。为防止病菌产生抗药性，杀菌剂应交替使用。

第二节　葡萄黑痘病

【症状】主要为害叶片、新梢、叶柄、果柄和果实。嫩叶发病初期，叶面出现红褐色斑点，周围有褪绿晕圈，逐渐形成圆形或不规则形病斑，病斑中部凹陷，呈灰白色，边缘呈暗紫色，后期常干裂穿孔（图8-6）。新梢、叶柄、果柄发病形成长圆形褐色病斑，后期病斑中间凹陷开裂，呈灰黑色，边缘紫褐，数斑融合，常使新梢上段枯死。在粗枝蔓上，病斑成为较大的溃疡，中部淡色并可裂开。幼果发病，果面出现深褐色斑点，渐形成圆形病斑，四周紫褐色，中部灰白色，形如鸟眼，表面硬化，有时龟裂。多个病斑可连成大斑，病斑仅限于果表，不深入果内，但果味酸，丧失食用价值。

【防治方法】葡萄开花前，可用下列药剂：

80%丙森锌可湿性粉剂 800~1 000倍液；

75%百菌清可湿性粉剂 600~700 倍液；

65%代森锌可湿性粉剂 500~600 倍液；

图 8-6　葡萄黑痘病为害茎蔓初期症状

86.2%氢氧化铜悬浮剂 1 000~1 500倍液；

70%代森锰锌可湿性粉剂 600~800 倍液等，喷施。

葡萄开花后病害发生初期（图 8-7），可喷施下列药剂：

70%甲基硫菌灵可湿性粉剂 800~1 000倍液；

3%中生菌素可湿性粉剂 600~800 倍液；

图 8-7　葡萄黑痘病为害初期症状

25%嘧菌酯悬浮剂 800~1 250倍液；

32.5%代森锰锌·烯唑醇可湿性粉剂 400~600 倍液；

5%亚胺唑可湿性粉剂 600~800 倍液；

25%戊唑醇水乳剂 1 000~2 000倍液等。

在病害发生中期（图8-8），可用下列药剂：

40%氟硅唑乳油 8 000~10 000倍液；

50%咪鲜胺锰盐可湿性粉剂 1 500~2 000倍液；

图8-8　葡萄黑痘病为害果穗中期症状

40%噻菌灵可湿性粉剂 1 000~1 500倍液；

25%咪鲜胺乳油 800~1 000倍液；

10%苯醚甲环唑水分散粒剂 2 000倍液；

12.5%烯唑醇可湿性粉剂 2 000~3 000倍液；

50%腐霉利可湿性粉剂 800~1 000倍液等。若遇下雨，要及时补喷。控制了春季发病高峰，还应注意控制秋季发病高峰。

第三节　葡萄白腐病

葡萄白腐病是葡萄重要病害之一。主要发生在我国东北、华北、西北和华东北部地区。在北方产区一般年份果实损失率为15%~20%，病害流行年份果实损失率可达60%以上，甚至绝收。在南方高温高湿地区，该病为害也相当严重（图8-9）。

图8-9 葡萄白腐病为害症状

【症状】主要为害果穗、穗轴、果粒、枝蔓和叶片。果穗受害，多发生在果实着色期，先从近地面的果穗尖端开始发病，在穗轴和果梗上产生淡褐色、水渍状、边缘不明显的病斑，进而病部皮层腐烂，手捻极易与木质部分离脱落，并有土腥味。果粒受害，多从果柄处开始，而后迅速蔓延到果粒，使整个果粒呈淡褐色软腐，严重时全穗腐烂，病果极易受震脱落，重病园地面落满一层，这是白腐病发生的最大特点。枝蔓多在有机械损伤或接近地面的部位发病，最初出现水浸状、红褐色、边缘深褐色病斑，以后逐渐扩展成沿纵轴方向发展的长条形病斑，色泽也由浅褐色变为黑褐色，病部稍凹陷，病斑表面密生灰色小粒点。叶片受害，先从植株下部近地面的叶片开始，多在叶尖、叶缘或有损伤的部位形成淡褐色、水渍状、近圆形或不规则形的病斑，并略具同心轮纹，其上散生灰白色至灰黑色小粒点，且以叶脉两边居多，后期病斑干枯易破裂。

【防治方法】在葡萄发芽前，喷施一次下列药剂：

3~5波美度石硫合剂；

50%硫悬浮剂200~300倍液；

50%克菌丹可湿性粉剂200~400倍液，对越冬菌源有较好的铲除效果。

生长季节，葡萄开花后，病害发生前期，可用下列药剂进行预防：

75%百菌清可湿性粉剂700~800倍液；

50%福美双可湿性粉剂500~1 000倍液；

78%代森锰锌·波尔多液可湿性粉剂400~600倍液；

65%代森锌可湿性粉剂600~800倍液；

70%甲基硫菌灵可湿性粉剂800倍液；

25%嘧菌酯悬浮剂800~1 250倍液。

病害发生初期（图8-10），可用下列药剂：

25%戊唑醇水乳剂2 000~3 000倍液；

25%嘧菌酯悬浮剂800~1 250倍液；

图8-10　葡萄幼果期白腐病为害症状

35%丙环唑·多菌灵悬浮剂 1 400~2 000倍液；

40%氟硅唑乳油 8 000~10 000倍液；

10%苯醚甲环唑水分散粒剂 2 500~3 000 倍液等，均匀喷施，间隔 10~15 天再喷 1 次，多雨季节防治 3~4 次。

第四节　葡萄炭疽病

葡萄炭疽病是在葡萄近成熟期引起果实腐烂的重要病害之一，在我国各葡萄产区均有分布，长江流域及黄河故道各省市普遍发生，南方高温多雨的地区发生最普遍。高温多雨的地区，早春也可引起葡萄花穗腐烂，严重时可减产 30%~40%（图 8-11）。

图 8-11　葡萄炭疽病为害症状

【症状】主要为害果粒，造成果粒腐烂。严重时也可为害枝干、叶片。果实着色后、近成熟期显现症状，果面出现淡褐或紫色斑点，水渍状，圆形或不规则形，渐扩大，变褐色至黑褐色，腐烂凹陷。天气潮湿时，病斑表面涌出粉红色黏稠点状物，呈同心轮纹状排列。病斑可蔓延到半个至整个果粒，腐烂果粒易脱落。嫩梢、叶柄或果枝发病，形成长椭圆形病斑，深褐色。果实近成熟时，穗轴上有时产生椭圆形病斑，常使整穗果粒干缩。卷须发病后，常枯死，表面长出红色病原物。叶片受害多在叶缘部位产生近圆形或长圆形暗褐色病斑。空气潮湿时，病斑上亦可长出粉红色的分生孢子团。

【防治方法】春季幼芽萌动前喷洒 3～5 波美度石硫合剂加 0.5%五氯酚钠。

在葡萄发芽前后，可喷施下列药剂：

1∶0.7∶200 倍式波尔多液；

80%代森锰锌可湿性粉剂 300～500 倍液；

波美 3 度石硫合剂+80%五氯酚钠原粉 200 倍液。

葡萄落花期，病害发生前期，可喷施下列药剂：

50%多菌灵可湿性粉剂 600～800 倍液；

80%代森锰锌可湿性粉剂 600～800 倍液；

70%丙森锌可湿性粉剂 600～800 倍液等。

6 月中旬葡萄幼果期是防治的关键时期（图 8-12），可用下列药剂：

2%嘧啶核苷类抗生素水剂 200 倍液；

1%中生菌素水剂 250～500 倍液；

图 8-12　葡萄幼果期炭疽病发生前期症状

35%丙环唑·多菌灵悬浮剂 1 400~2 000倍液；

25%咪鲜胺乳油 800~1 500倍液；

40%腈菌唑可湿性粉剂 4 000~6 000倍液；

40%氟硅唑乳油 8 000~10 000倍液；

40%克菌丹·戊唑醇悬浮剂 1 000~1 500倍液；

50%醚菌酯干悬浮剂 3 000~5 000倍液；

43%戊唑醇悬浮剂 2 000~2 500倍液；

60%噻菌灵可湿性粉剂 1 500~2 000倍液；

5%己唑醇悬浮剂 800~1 500倍液；

6%氯苯嘧啶醇可湿性粉剂 1 000~1 500倍液等，喷施，间隔10~15天，连喷3~5次。

第五节　葡萄灰霉病

灰霉病是一种严重影响葡萄生长和贮藏的重要病害。目前，在河北、山东、辽宁、四川、上海等地发生严重。春季是引起花穗腐烂的主要病害，流行时感病品种花穗被害率达70%以上。成熟的果实也常因此病在贮藏、运输和销售期间发生腐烂（图8-13、图8-14）。

图8-13　葡萄灰霉病为害幼果症状

图 8-14　葡萄灰霉病为害果实症状

【症状】主要为害花序、幼果和已成熟的果实，有时亦为害新梢、叶片和果梗。花序受害，似热水烫状，后变暗褐色，病部组织软腐，表面密生灰霉，被害花序萎蔫，幼果极易脱落（图 8-15）。新梢及叶片上产生淡褐色、不规则形的病斑，亦长

图 8-15　葡萄灰霉病为害花序症状

出鼠灰色霉层。花穗和刚落花后的小果穗易受侵染，发病初期受害部呈淡褐色水渍状，很快变暗褐色，整个果穗软腐，潮湿时病穗上长出一层鼠灰色的霉层。成熟果实及果梗被害，果面出现褐色凹陷病斑，很快整个果实软腐，长出鼠灰色霉层，果

梗变黑色，不久在病部长出黑色块状菌核。

【防治方法】春季开花前，喷洒 1∶1∶200 等量式波尔多液、50%多菌灵可湿性粉剂 500 倍液或 70%甲基硫菌灵可湿性粉剂 600 倍液等，喷 1~2 次，有一定的预防效果。

4 月上旬葡萄开花前，可喷施下列药剂进行预防：

80%代森锰锌可湿性粉剂 600~800 倍液；

50%多菌灵可湿性粉剂 800~1 000倍液；

在病害发生初期（图 8-16），可用下列药剂：

40%嘧霉胺悬浮剂 1 000~1 200倍液；

50%嘧菌环胺水分散粒剂 625~1 000倍液；

40%双胍三辛烷基苯磺酸盐可湿性粉剂 1 000~1 500倍液；

40%双胍辛胺可湿性粉剂 1 000~2 000倍液；

25%咪鲜胺乳油 1 000~1 500倍液；

60%噻菌灵可湿性粉剂 500~600 倍液；

50%异菌脲可湿性粉剂 1 000~1 500倍液；

50%苯菌灵可湿性粉剂 1 000~1 500倍液喷施，间隔 10~15 天，连喷 2~3 次。

图 8-16 葡萄灰霉病为害果实初期症状

第六节　葡萄褐斑病

【症状】葡萄褐斑病又称斑点病、褐点病、叶斑病和角斑病等。褐斑病有大褐斑和小褐斑两种，主要为害中、下部叶片，病斑直径 3~10mm 的为大褐斑病（图 8-17、图 8-18），其症状因种或品种不同而异。病斑小，直径 2~3mm 的是小褐斑病，大小一致，叶片上现褐色小斑，中部颜色稍浅，潮湿时病斑背面生灰黑色霉层，严重时一张叶片上生有数十至上百个病斑致叶片枯黄早落。有时大、小褐斑病同时发生在一张叶片上，加速病叶枯黄脱落。

图 8-17　葡萄大褐斑病为害叶片初期症状

【防治方法】春季萌芽后可喷施下列药剂，减少越冬菌源：
80%代森锰锌可湿性粉剂 500~800 倍液；
50%多菌灵可湿性粉剂 1 000~1 500倍液；
75%百菌清可湿性粉剂 800~1 000倍液；
70%甲基硫菌灵可湿性粉剂 800~1 000倍液；
65%代森锌可湿性粉剂 500~800 倍液。

图 8-18　葡萄大褐斑病为害叶片后期症状

展叶后 6 月中旬, 即发病初期, 可用下列药剂:

10%苯醚甲环唑水分散粒剂 3 000~5 000倍液;

25%丙环唑乳油 3 000~5 000倍液;

50%氯溴异氰脲酸可溶性粉剂 1 500倍液;

50%嘧菌酯水分散粒剂 5 000~7 000倍液;

25%吡唑醚菌酯乳油 1 000~3 000倍液;

12.5%烯唑醇可湿性粉剂 2 500~4 000倍液;

24%腈苯唑悬浮剂 2 500~3 200倍液;

40%腈菌唑水分散粒剂 6 000~7 000倍液;

25%戊唑醇水乳剂 2 000~2 500倍液等, 喷施, 间隔 10~15 天, 连喷 2~3 次, 防效显著。

第七节　葡萄十星叶甲

葡萄十星叶甲以成、幼虫食芽与叶成孔洞或缺刻, 残留 1

层绒毛和叶脉，严重时可把叶片吃光，残留主脉。

【形态特征】成虫体长约 12mm，椭圆形，土黄色。头小，隐于前胸下；复眼黑色；触角淡黄色丝状，末端 3 节及第 4 节端部黑褐色；前胸背板及鞘翅上布有细点刻，鞘翅宽大，共有黑色圆斑 10 个略成 3 横列。足淡黄色，前足小，中、后足大（图 8-19）。

图 8-19　葡萄十星叶甲

卵椭圆形，长约 1mm，表面具不规则小突起，初草绿色，后变黄褐色。幼虫体长 12~15mm，长椭圆形略扁，土黄色。

胸足 3 对较小，除前胸及尾节外，各节背面均具两横列黑斑，中、后胸每列各 4 个，腹部前列 4 个，后列 6 个。除尾节外，各节两侧具 3 个肉质突起，顶端黑褐色。蛹金黄色，体长 9~12mm，腹部两侧具齿状突起。

【生活史及习性】长江以北年生 1 代，江西 2 代，少数 1 代，云南 2 代，均以卵在根际附近的土中或落叶下越冬，南方有以成虫在各种缝隙中越冬者。越冬卵于 4 月中旬孵化，5 月下旬化蛹，6 月中旬羽化，8 月上旬产卵，8 月中旬孵化，9 月上旬化蛹，9 月下旬羽化，交配及产卵。

【防治方法】

（1）秋末及时清除葡萄园枯枝落叶和杂草，及时烧毁或深埋，消灭越冬卵。

（2）震落捕杀成、幼虫，尤其要注意捕杀群集在下部叶片上的小幼虫。

（3）必要时，喷5%氯氰菊酯乳油3 000倍液、2.5%功夫乳油3 000倍液、30%桃小灵乳油2 500倍液、10%天王星乳油6 000~8 000倍液。

第八节　葡萄瘿蚊

葡萄瘿蚊一年只发生1代。品种之间受害程度有差异，郑州早红、巨峰、龙眼受害较重，保尔加尔、葡萄园皇后、玫瑰香次之。主要发生在吉林、辽宁、山东、陕西、山西。

【生活习性】

成虫白天活动、飞行力不强，成虫产卵较集中，产卵果穗上的果实多数都着卵，葡萄架的中部果穗落卵较多。以幼虫在葡萄果心蛀食，并排粪其中，致使果粒不能正常生长，畸形，不能食用。

【防治方法】

喷2.5%高效氯氟氰菊酯药液，或用5%甲维·高氯氟高效氯水乳剂喷雾，或用3%甲维·啶虫脒微乳剂喷雾。

第九章　草莓病虫害

中国目前草莓生产面积约 7 万 hm², 居世界第一位, 主要产地分布在辽宁、河北、山东、江苏、上海、浙江等东部沿海地区, 近几年, 四川、安徽、新疆、北京等地区发展也很快。

第一节　草莓灰霉病

【症状】主要为害花器、果柄、果实、叶片。花器染病时 (图 9-1), 花萼上初呈水渍状针眼大的小斑点, 后扩展成近圆

图 9-1　草莓灰霉病为害花器症状

形或不规则形较大病斑, 导致幼果湿软腐烂, 湿度大时, 病部产生灰褐色霉状物。果柄受害, 先产生褐色病斑, 湿度大时,

病部产生一层灰色霉层（图9-2）。果实顶柱头呈水渍状病斑，继而演变成灰褐色斑，空气潮湿时病果湿软腐化，病部生灰色霉状物，天气干燥时病果呈干腐状，最终造成果实坠落。叶片受害，初产生水渍状病斑，扩大后病斑呈不规则形，湿度大时，病部可产生灰色霉层，发病严重时，病叶枯死。

图9-2　草莓灰霉病为害果柄症状

【**防治方法**】移栽或育苗整地前，可用下列药剂：

65%甲基硫菌灵·乙霉威可湿性粉剂400~600倍液+50%克菌丹可湿性粉剂400~600倍液；

50%多菌灵·乙霉威可湿性粉剂600~800倍液+50%敌菌灵可湿性粉剂400~500倍液；

40%嘧霉胺悬浮剂800~1 000倍液，对棚膜、土壤及墙壁等表面喷雾，进行消毒灭菌。

草莓开花前开始喷药防治，选用下列药剂：

70%甲基硫菌灵可湿性粉剂800~1 000倍液+75%百菌清可湿性粉剂600~800倍液；

50%腐霉利可湿性粉剂1 000~2 000倍液；

50%乙烯菌核利可湿性粉剂600~800倍液；

10%多氧霉素可湿性粉剂 500~750 倍液；

25%戊唑醇水乳剂 1 000~1 500 倍液；

40%嘧霉胺悬浮剂 800~1 200 倍液；

1 000 亿个/g 枯草芽孢杆菌可湿性粉剂 500~800 倍液；

50%克菌丹可湿性粉剂 400~800 倍液；

50%啶酰菌胺水分散粒剂 1 000~1 500 倍液；

0.3%黄酮·苦参碱·小檗碱水剂 200~300 倍液；

50%异菌脲可湿性粉剂 1 500~2 000 倍液；

50%嘧菌环胺水分散粒剂 800~1 000 倍液；

40%双胍辛胺可湿性粉剂 1 000~2 000 倍液；

40%双胍三辛烷基苯磺酸盐可湿性粉剂 1 000~1 500 倍液，间隔 7~10 天喷 1 次，共喷 3~4 次，重点喷花果。

防治大棚或温室草莓灰霉病，采用熏蒸法，可用下列药剂：

6.5%甲基硫菌灵·乙霉威粉尘剂 1kg/亩；

20%嘧霉胺烟剂 0.3~0.5kg/亩；

10%腐霉利烟剂 200~250g/亩；

45%百菌清粉尘剂 1kg/亩熏烟，间隔 7~10 天熏 1 次，连续或与其他防治法交替使用 2~3 次，防治效果较理想。

第二节　草莓蛇眼病

蛇眼病分布较广，常与叶部病害混合发生，保护地和露地均可发生。严重时发病率可达 40%~60%（图 9-3）。

【症状】 主要为害叶片、果柄、花萼。叶片染病后，初形成小而不规则的红色至紫红色病斑，病斑扩大后，中心变成灰白色圆斑，边缘紫红色，似蛇眼状（图 9-4），后期病斑上产生许多小黑点。果柄、花萼染病后，形成边缘颜色较深的不规则形黄褐至黑褐色斑，干燥时易从病部断开。

【防治方法】 发病前期，可喷施下列药剂：

75%百菌清可湿性粉剂 500~600 倍液；
77%氢氧化铜可湿性粉剂 500~600 倍液；
65%代森锌可湿性粉剂 600~800 倍液；

图 9-3　草莓蛇眼病为害情况

图 9-4　草莓蛇眼病为害叶片眼斑症状

80%代森锰锌可湿性粉剂 600~800 倍液等。

发病初期，喷淋下列药剂：

50%琥胶肥酸铜可湿性粉剂 500~600 倍液；

50%敌菌灵可湿性粉剂 500~700 倍液；

25%丙环唑乳油 1 500~2 000倍液；

10%苯醚甲环唑水分散粒剂 2 000~3 000倍液；

40%氟硅唑乳油 5 000~7 000倍液；

70%甲基硫菌灵可湿性粉剂 800~1 000倍液；

50%异菌脲可湿性粉剂 1 000~1 500倍液；

50%苯菌灵可湿性粉剂 1 500~1 800倍液，间隔 10 天喷 1 次，共喷 2~3 次，采收前 3 天停止用药。

第三节　草莓白粉病

草莓白粉病是草莓的重要病害，尤其大棚草莓受害严重。发生严重时，病叶率达 45% 以上，病果率达 50% 以上（图 9-5）。

图9-5　草莓白粉病为害情况

【症状】主要为害叶片、叶柄、花、梗及果实。叶片受侵染初期在叶背及茎上产生白色近圆形星状小粉斑，后向四周扩展成边缘不明显的连片白粉，严重时整片叶布满白粉，叶缘也向上卷曲变形，叶质变脆；后期呈红褐色病斑，叶缘萎缩，最后病叶逐渐枯黄。叶柄受害覆有一层白粉。花蕾受害不能开放或开花不正常。果实早期受害，幼果停止发育，其表面明显覆盖白粉，严重影响浆果质量（图9-6）。

图9-6　草莓白粉病为害成熟果实症状

【防治方法】在草莓生长前期，未感染白粉病时，可用下列药剂：

80%代森锰锌可湿性粉剂800~1 000倍液；

75%百菌清可湿性粉剂600~800 倍液；

50%灭菌丹可湿性粉剂400~500 倍液。选用保护性强的杀菌剂喷雾，具有长期的预防保护效果。

在草莓生长中后期，白粉病发生时（图9-7），可用下列药剂：

30%醚菌酯·啶酰菌胺悬浮剂1 000~2 000倍液；

12.5%烯唑醇可湿性粉剂1 500~2 000倍液；

10%苯醚甲环唑水分散粒剂2 000~3 000倍液；

40%氟硅唑乳油 8 000~9 000倍液；

12.5%腈菌唑乳油 2 000~4 000倍液；

50%苯菌灵可湿性粉剂 1 000~1 500倍液；

60%噻菌灵可湿性粉剂 1 500~2 000倍液；

50%嘧菌酯水分散粒剂 5 000~7 500倍液；

20%唑菌胺酯水分散粒剂 1 000~2 000倍液；

25%三唑酮可湿性粉剂 1 000~1 500倍液；

图9-7　草莓白粉病为害初期田间症状

40%环唑醇悬浮剂 5 000~6 000 倍液；

25%氟喹唑可湿性粉剂 5 000~6 000 倍液；

30%氟菌唑可湿性粉剂 2 000~3 000 倍液；

6%氯苯嘧啶醇可湿性粉剂 1 000~1 500 倍液；

3%多氧霉素水剂 400~600 倍液；

2%嘧啶核苷类抗生素水剂 200~400 倍液；

4%四氟醚唑水乳剂 1 000~1 500 倍液；

30%烟酰胺·醚菌酯悬浮剂 1 000~2 000 倍液；

10%己唑醇乳油 3 000~4 000 倍液；

30%醚菌酯可湿性粉剂1 500~2 500倍液等内吸性强的杀菌剂喷雾防治。

棚室栽培草莓可采用烟雾法，即用硫磺熏烟消毒，定植前几天，将草莓棚密闭，每100m³用硫磺粉250g、锯末500g掺匀后，分别装入小塑料袋分放在室内，于晚上点燃熏一夜，此外，也可用45%百菌清烟剂，每亩一次使用200~250g，分放在棚内4~5处，用香或卷烟点燃，发烟时闭棚，熏一夜，次晨通风。

第四节 草莓轮斑病

【症状】 主要为害叶片，发病初期在叶片上产生红褐色的小斑点，逐渐扩大后，病斑中间呈灰褐色或灰白色，边缘褐色，外围呈紫黑色，病健分界处明显。在叶尖部分的病斑常呈"V"字形扩展（图9-8），造成叶片组织枯死。发病严重时，病斑常常相互联合，致使全叶片变褐枯死。

图9-8 草莓轮斑病为害叶片"V"字形斑

【**防治方法**】新叶时期使用适量的杀菌剂预防。可用下列药剂：

50%多菌灵可湿性粉剂500~700倍液；

80%代森锰锌可湿性粉剂600~800倍液；

70%甲基硫菌灵可湿性粉剂800~1 000倍液，在移栽前浸苗10~20min，晒干后移植。

发病初期，可喷施下列药剂：

50%异菌脲可湿性粉剂1 000~2 000倍液+50%敌菌灵可湿性粉剂400~600倍液；

70%甲基硫菌灵可湿性粉剂800~1 000倍液+65%代森锌可湿性粉剂500~600倍液。

第五节　草莓炭疽病

【**症状**】主要为害匍匐茎、叶柄、叶片、果实。叶片受害，初产生黑色纺锤形或椭圆形溃疡斑，稍凹陷（图9-9）；匍匐茎

图9-9　草莓炭疽病为害叶片症状

和叶柄上的病斑成为环形圈，扩展后病斑以上部分萎蔫枯死，

湿度高时病部可见肉红色黏质孢子堆。随着病情加重，全株枯死。根茎部横切面观察，可见自外向内发生局部褐变。浆果受害，产生近圆形病斑，淡褐至暗褐色，软腐状并凹陷，后期可长出肉红色黏质孢子堆。

【防治方法】 注意喷药预防，苗床应在匍匐茎开始伸长时进行喷药保护，可喷施下列药剂：

40%多菌灵悬浮剂 500～800 倍液＋70%代森联水分散粒剂 500～600 倍液；

70%甲基硫菌灵可湿性粉剂 800～1 000倍液＋80%代森锰锌可湿性粉剂 800～1 000倍液；

30%碱式硫酸铜悬浮剂 700～800 倍液等。定植前 1 周左右，在苗床再喷药 1 次，再将草莓苗移栽到大田，可减少防治面积和传播速度。

大田见有发病中心时，可选用下列药剂：

60%噻菌灵可湿性粉剂 1 500～2 000倍液＋80%福美双·福美锌可湿性粉剂 800～1 200倍液；

10%苯醚甲环唑水分散粒剂 1 500～2 000 倍液；

25%咪鲜胺乳油 1 000～1 500 倍液喷雾，间隔5～7 天，喷药3～4 次。注意交替用药，延缓抗药性的产生；喷药液要均匀，药液量要喷足，棚架上最好也要喷到，可提高防病效果。

第六节　草莓褐斑病

【症状】 主要为害叶片，发病初期在叶上产生紫红色小斑点，逐渐扩大后，中间呈灰褐色或白色，边缘褐色，外围呈紫红色或棕红色，病健交界明显叶部分的病斑常呈"V"形扩展（图 9-10），有时呈"U"形病斑（图 9-11），造成叶片组织枯死，病斑多互相愈合，致使叶片变褐枯黄。后期病斑上可生不规则轮状排列的褐色至黑褐色小点，即分生孢子器。

图 9-10　草莓褐斑病叶片上的"V"形病斑

图 9-11　草莓褐斑病叶片上的"U"形病斑

【防治方法】田间在发病初期，喷洒下列药剂：

70%甲基硫菌灵可湿性粉剂 800~1 000 倍液+80%代森锰锌可湿性粉剂 700~900 倍液；

50%异菌脲可湿性粉剂 1 000~1 500 倍液；

10%苯醚甲环唑水分散粒剂 1 500~2 000 倍液；

50%福美双·甲基硫菌灵可湿性粉剂 1 000~1 500 倍液；

40%腈菌唑水分散粒剂 6 000~7 000 倍液；

1.5%多抗霉素可湿性粉剂 200~500 倍液，间隔 10 天左右喷施 1 次，连续防治 2~3 次，以后根据病情喷药，有一定防治效果。

第七节　蛴　螬

蛴螬是金龟子幼虫的总称，是损害草莓根部的重要地下害虫，使草莓地上部分呈现叶片发黄、萎蔫，直至死亡。

【形态特征】 蛴螬的成虫金龟子，品种很多，多为黑褐色或棕色，大小不一，体型一般为卵圆形，外壳坚硬，触角鳃片状，前翅为鞘翅，后翅膜质，飞翔力强。卵：一般椭圆形，白色，产于土壤中。幼虫：多为白色或乳白色，身体肥壮，曲折呈 C 形，有稀少的黄色短毛；头部橙黄色；胸足 3 对，细长；无腹足，腹部肥大多皱纹，末节无皱纹（图 9-12）。蛹：离蛹，橙黄色或黄褐色。

【发病规律】 大多数品种 1 年发生 1 代，少量品种 2~3 年 1 代。以成虫和幼虫在土壤中越冬，越冬成虫第二年春天出土损害瓜果、蔬菜、花卉或林木的叶和花，产卵于地下，幼虫孵化后损害植物根系，秋末变为成虫不出土，越冬幼虫夏天羽化为成虫，产卵，孵化出幼虫继续为害，秋末与成虫一同越冬。有些品种白日活动，大多数品种夜间或早晚活动，夜间活动的品种有趋光性，成虫有假死性。

【防治方法】

（1）栽草莓时不要施用未腐熟的农家肥，削减成虫产卵的机会。发现草莓被害时扒开根部的土壤，挖捉害虫。

图9-12 蛴螬

（2）早春棚内发现成虫时人工捕捉，数量多时用灯光诱杀。

（3）土壤处理。草莓栽时在沟中撒5%辛硫磷颗粒剂或5%地亚农颗粒剂，每亩地2.5~3kg。也可在草莓生长期开沟撒施。也可每亩地用50%辛硫磷乳油200~250ml，加水0.5kg，喷于25kg细土，拌匀制成毒土，开沟撒施，然后覆土灌水。

（4）药剂灌根。每亩地用50%辛硫磷乳油200~300ml，加水250~350kg；或用90%敌百虫晶体200g，加水250~350kg，沿草莓行灌入根部土壤中。

第八节 草莓蓟马

【生活习性】随着气温日渐增高，蒸腾作用越来越旺盛，温室草莓易出现不同程度的缺水现象，高温干旱易引发蓟马为害。蓟马成长的最适温度为23~28℃，最适湿度为40%~70%，主要为害稚嫩组织花器和幼果均可受害（图9-13）。

蓟马成虫能飞善跳，分散敏捷且繁衍速度快，易形成世代交替为害，因而一旦发生虫灾，其防治难度很大。其次是耐药性强，蓟马的杀虫剂致死浓度值远比常见害虫高，假如按惯例

图9-13　蓟马

杀蚜虫的药量施药对蓟马无效。还有就是蓟马成虫善飞、怕光，多在叶脉间或嫩梢或幼果的毛丛或花托或花冠内为害。蓟马具有昼伏夜出的习性，因成虫微小，不易发现，发现时已成灾，这也是蓟马难防治的原因之一。

【防治措施】

（1）及时铲除病体，减少蓟马种群数量，同时加强肥水管理，提高植株抗性。

（2）运用蓟马趋蓝色的习性，设置蓝板诱杀。一般规范棚室悬挂25cm×30cm的蓝板30块，留意定时替换。

（3）损害严重的温室可用化学防治，一般可选2.5%多杀菌素悬浮剂1 000~1 500倍液或10%吡虫啉可湿性粉剂2 000~4 000倍液叶面喷雾防治，7~10天施用1次，连喷2~3次。留意：依据蓟马昼伏夜出的特性，主张在下午用药；为确保药效，尽量挑选持效期长的药剂，运用沾着剂等辅助性药剂。

第十章　石榴病虫害

石榴原产于伊朗、阿富汗等国家。在我国南北各地除极寒地区外，均有栽培分布。其中，以陕西、安徽、山东、江苏、河南、四川、云南及新疆等地较多。

第一节　石榴干腐病

【症状】主要为害果实，也侵染花器、果苔、新梢。花瓣受害部分变褐，花萼受害初期产生黑褐色椭圆形凹陷褐色小病斑，有光泽，病斑逐渐扩大变浅褐色，组织腐烂，后期产生暗色颗粒体。幼果受害，一般在萼筒处产生不规则形、像豆粒大小浅褐色病斑，逐渐向四周扩展直到整个果实腐烂，颜色由浅到深，形成中间黑边缘浅褐界线明显的病斑。成熟果发病后较少脱落，果实腐烂不带湿性，后失水变为僵果，红褐色。枝干受害，秋冬产生灰黑色不规则病斑，翌春变成油渍状，后期开裂，病皮翘起，剥离，严重时枝干枯死（图10-1）。

【防治方法】从3月下旬至采收前15天，喷施下列药剂：

1∶1∶160倍式波尔多液；

50%多菌灵可湿性粉剂800~1 000倍液+80%代森锰锌可湿性粉剂600~800倍液；

47%春雷霉素·氧氯化铜可湿性粉剂700~1 000倍液；

50%甲基硫菌灵可湿性粉剂1 000~1 500倍液；

10%苯醚甲环唑水分散粒剂2 000~3 000倍液；

图 10-1　石榴干腐病为害枝干症状

50%苯菌灵可湿性粉剂 1 000~1 500 倍液等药剂，间隔 10~15 天喷 1 次，连喷 4~5 次。

第二节　石榴早期落叶病

早期落叶病是叶斑病的总称，从病斑特征上可分为褐斑病、圆斑病和轮纹病等数种，其中以褐斑病为害最为严重。国内以南方分布较普遍。病害严重时，造成早期大量落叶，使树势早衰，花芽少和产量降低（图 10-2）。

【症状】褐斑病主要为害叶片和果实，引起前期落果和后期落叶。叶片受害后，初为褐色小斑点，扩展后呈近圆形；边缘黑色至黑褐色，微凸，中间灰黑色斑点，叶片背面与正面的症状相同。果实上的病斑近圆形或不规则形，黑色稍凹陷，亦有灰色绒状小粒点，果着色后病斑外缘呈淡黄白色。

圆斑病的病斑，初为圆形或近圆形，褐色或灰色斑点。

轮纹病斑的叶呈褐色或暗褐色并有显著轮纹，多发生于叶片边缘，少数发生于叶的中部。空气潮湿时，叶背面常有黑色霉状物出现。

图 10-2　石榴早期落叶病为害症状

【**防治方法**】在发芽前喷施 5 波美度的石硫合剂；发芽后喷洒 140 倍等量式波尔多液。

开花盛期（5 月下旬）开始喷药，间隔 10 天左右喷施 1 次，连喷 6~8 次。有效药剂有：

70%甲基硫菌灵可湿性粉剂 800~1 000 倍液+70%丙森锌可湿性粉剂 600~800 倍液；

50%多菌灵可湿性粉剂 800~1 000 倍液+80%代森锰锌可湿性粉剂 600~800 倍液；

50%异菌脲可湿性粉剂 1 500~2 000 倍液；

50%嘧菌酯水分散粒剂 5 000~7 000 倍液；

40%腈菌唑水分散粒剂 6 000~7 000 倍液等，喷药时要注意喷匀喷细，不能漏喷，叶片正面、背面均要喷到。

第三节 石榴叶枯病

【症状】主要为害叶片，病斑圆形至近圆形，多从叶尖开始，褐色至茶褐色，后期病斑上生出黑色小粒点，即病原菌的分生孢子盘（图 10-3、图 10-4）。

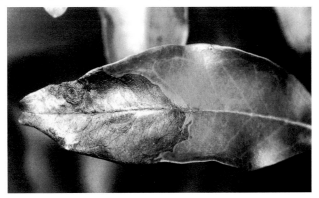

图 10-3 石榴叶枯病为害叶片前期症状

图 10-4 石榴叶枯病为害叶片后期症状

【防治方法】 发病初期，喷洒下列药剂：

1:1:200 倍式波尔多液；

50%苯菌灵可湿性粉剂 1 000~1 500 倍液；

1.5%多抗霉素可湿性粉剂 200~500 倍液；

5%亚胺唑可湿性粉剂 600~700 倍液；

25%烯肟菌酯乳油 2 000~3 000 倍液；

25%吡唑醚菌酯乳油 1 000~3 000 倍液；

20%邻烯丙基苯酚可湿性粉剂 600~1 000 倍液，间隔 10 天左右喷施 1 次，防治 3~4 次。

第四节　石榴煤污病

【症状】 主要为害叶片和果实，一般在叶片形成后就会发生。病树的枝干、叶片上挂满一层煤烟状的黑灰（图 10-5），用手摸时有黏性。病树发芽稍晚，树势弱，正常花少，产量低，果实皮色青黑。

图 10-5　石榴煤污病为害叶片症状

【防治方法】 发现介壳虫、蚜虫等刺吸式口器害虫为害时，及时喷洒下列药剂：

0.9%阿维菌素乳油 2 000~3 000 倍液；

48%毒死蜱乳油 1 000~1 500 倍液。

必要时喷洒下列药剂：

5%亚胺唑可湿性粉剂 500~600 倍液；

40%氟硅唑乳油 8 000~9 000 倍液；

25%腈菌唑乳油 5 000~7 000 倍液，间隔 10 天左右喷施 1 次，连喷 2~3 次。

第五节　石榴疮痂病

【症状】主要为害果实和花萼。病斑初呈水渍状，渐变为红褐色、紫褐色直至黑褐色，单个病斑圆形至椭圆形，后期病斑融合成不规则疮痂状、粗糙、严重的龟裂（图 10-6）。湿度大时，病斑内产生淡红色粉状物，即病原菌的分生孢子盘和分生孢子。

图 10-6　石榴疮痂病为害果实症状

【防治方法】 花后及幼果期喷洒下列药剂：

1∶1∶160 倍式波尔多液；

50%苯菌灵可湿性粉剂 1 500~1 800 倍液+70%代森锰锌可湿性粉剂 500~600 倍液；

50%硫菌灵可湿性粉剂 500~800 倍液；

20%唑菌胺酯水分散粒剂 1 000~2 000 倍液；

10%苯醚甲环唑水分散粒剂 2 500~3 000 倍液；

5%亚胺唑可湿性粉剂 600~700 倍液等。

第六节　石榴茎窗蛾

石榴茎窗蛾属鳞翅目网蛾科，是石榴的主要害虫（图 10-7）。以幼虫为害新梢和多年生枝，造成树势衰弱，果实产量和质量下降，重者整株死亡。该虫在全国各石榴产区均有发生。

图 10-7　石榴茎窗蛾成虫

【发生规律】

该虫在山东一年发生 1 代，以幼虫在被害枝条内越冬。越冬幼虫第 2 年春开始活动，沿枝条继续向下蛀食。5 月下旬幼虫老熟后，在枝条上（多在枝条分叉处上方）开一羽化孔，在羽化孔下方 1cm 的隧道中化蛹，蛹期 20 天。6 月中旬开始羽化，7 月上旬为羽化盛期，8 月上旬羽化结束。

成虫白天隐伏在石榴枝叶背面，夜间活动。交尾后 1~2 天开始产卵，可连续产卵 2~3 天，卵单粒散产或几粒在一块，多产在新梢顶端芽腋间，卵期 10~15 天。7 月上旬开始孵化，初孵幼虫自芽腋处蛀入新梢，沿髓部向下蛀纵直隧道，并间隔一定距离开一排粪孔。

3~5 天后，被害新梢萎蔫，极易发现。随着幼虫的长大，隧道也向下加深加宽，排粪孔越来越远，直至入冬休眠时，已达 2 年生枝部位。次年恢复活动后，继续为害，可达 3 年生枝。

【防治方法】

（1）毒杀幼虫。在幼虫活动期，从新鲜的蛀孔注入杀虫剂，用泥封口毒杀，用毒签或磷化铝片塞入后封口效果也很好。

（2）喷药防治。幼虫孵化盛期可喷 2.5%溴氰菊酯 2 500~3 000倍液、敌马合剂 800~1 000倍液或其他杀虫杀卵农药，防效极佳。

（3）剪除病枝。春天发芽后，彻底剪去未发芽的枯死枝，以消灭其中的越冬幼虫或蛹。7 月发现被害梢要及时剪去。结合冬剪，剪除虫枝并烧毁。

第七节　石榴黄蜘蛛

石榴黄蜘蛛又名始叶螨或黄叶螨（图 10-8）。可为害石榴叶片、嫩梢、花蕾和果实，尤以幼果受害最甚。其成螨、幼螨、若螨均喜群集于叶背面的主脉、支脉及叶缘部分，被害果实呈现一些黑褐色失绿的斑块，严重的皱缩成畸形。还常常有少量丝网覆盖，螨活动及产卵于网下。

图 10-8　石榴黄蜘蛛

【发生规律】在越冬期各螨态均有发现，但以成螨为主，在树冠内堂中下部的叶背越冬。在凹凸不平的卷叶内，尤其潜叶蛾危害的卷叶内螨口数量较多。越冬成螨当温度在 15℃ 以上时就开始取食，20℃ 就可产卵。一年中黄蜘蛛在石榴开花前后少量发生，大量发生在 4—5 月，猖獗为害幼叶、幼果。6 月之后螨口数量急剧下降。7—8 月高温季节对其生长发育不利，所以夏季数量很少。

【防治方法】

（1）人工防治。在越冬卵孵化前刮树皮并集中烧毁，刮皮后在树干涂白（石灰水）可杀死大部分越冬卵。

（2）农业防治。根据石榴黄蜘蛛越冬卵孵化规律和孵化后首先在杂草上取食繁殖的习性，早春进行翻地，清除地面杂草，保持越冬卵孵化期间田间没有杂草，使黄蜘蛛因找不到食物而死亡。

（3）物理防治。可在石榴树发芽和石榴黄蜘蛛即将上树为害前（3 月下旬左右），用无毒粘虫胶在树干中涂一闭合粘虫胶环，环宽约 1cm，2 个月左右再涂一次，即可阻止枣红蜘蛛向树上转移为害，效果可达 95%以上。

（4）化学防治。开春前喷 3~5 波美度石硫合剂杀死越冬虫卵，或用40%三氯杀螨醇乳油 1 000~1 500倍液、15%哒螨灵乳油 2 000倍液、1.8%齐螨素乳油 6 000~8 000倍、20%三唑锡乳油 3 000倍液等均可达到理想的防治效果。

第十一章　板栗病虫害

板栗是中国栽培最早的果树之一，栽培分布面积极广，北起吉林、辽宁，南至广东、云南等省（区）。绝大部分栽培在丘陵山谷、缓坡和河滩地。主要产栗大省有河北、山东、辽宁、湖北、河南、安徽等省，面积约 480 万亩，年产栗子 14.8 万 t。

板栗病虫害有 50 多种，其中，病害有 20 多种，发生较重的有干枯病、溃疡病、炭疽病、疫病等；虫害有 30 多种，发生较重的有栗瘿蜂、栗大蚜、栗实象甲等。

第一节　板栗干枯病

【症状】主要为害主干和枝条，发病初期病部表皮出现圆形或不规则形的褐色病斑，病部皮层组织松软、稍隆起，有时流出黄褐色汁液，剥开病皮可见病部皮层组织溃烂，木质部变红褐色，水浸状，有浓酒糟味，以后病斑不断增大，可侵染树干一周，并上下扩展（图 11-1）。小枝受害，多发生在枝杈部位，仔细观察枝条就会发现环缢状的病斑，有的不抽新梢或抽梢很短，不久整个枝干枯死。栗树发芽后不久，有时会出现枝条新叶产生萎蔫现象，有的小枝并不立即死亡，仅是发芽较晚，且叶小而黄，严重时叶边缘焦枯。

【防治方法】刮除主干和大枝上的病斑，深达木质部，涂抹下列药剂：

10 波美度石硫合剂；

图 11-1　板栗干枯病为害主干症状

21%过氧乙酸水剂 400~500 倍液；

60%腐植酸钠可湿性粉剂 50~75 倍液；

5%菌毒清水剂 100~200 倍液；

80%乙蒜素乳油 200~400 倍液，并涂波尔多液作为保护剂。

发芽前，喷 1 次 2~3 波美度的石硫合剂，在树干和主枝基部涂刷 50%福美双可湿性粉剂 80~100 倍液。

4 月中下旬，可用 50%福美双可湿性粉剂 100~200 倍液喷树干。发芽后，再喷 1 次 0.5 波美度石硫合剂，保护伤口不被侵染，减少发病几率。

第二节　板栗溃疡病

【症状】又称芽枯病，主要为害新梢和嫩芽。初春，刚萌发的芽呈水浸状变褐枯死（图 11-2）。幼叶受害产生水浸状暗绿色的不规则病斑，后变为褐色，周围有黄绿色的晕圈，病斑扩大后，蔓延到叶柄。最后叶片变褐并内卷，花穗枯死脱落。

【防治方法】栗树萌芽前，涂抹下列药剂：

1∶1∶200 等量式波尔多液；

3~5 波美度石硫合剂；

图 11-2　板栗溃疡病为害新梢症状

30%碱式硫酸铜悬浮剂 300~400 倍液等，减少越冬病源。

病害发生初期，可用下列药剂：

77%氢氧化铜可湿性粉剂 500~800 倍液；

14%络氨铜水剂 300~400 倍液；

60%號胶肥酸铜·三乙膦酸铝可湿性粉剂 500~600 倍液；

47%春雷霉素·氧氯化铜可湿性粉剂 700~1 000 倍液；

50%氯溴异氰尿酸可溶性粉剂 1 200~1 500 倍液等，喷施。

第三节　板栗炭疽病

【症状】主要为害芽、枝梢、叶片。叶片上病斑不规则形至圆形（图 11-3），褐色或暗褐色，常有红褐色的细边缘，上生许多小黑点；芽被害后，病部发褐腐烂，新梢最终枯死；小枝被害，易遭风折，受害栗蓬主要在基部出现褐斑。受害栗果主要在种仁上发生近圆形、黑褐色或黑色的坏死斑，后果肉腐烂，干缩，外壳的尖端常变黑。

【防治方法】冬季清园后喷施一次 50%多菌灵可湿性粉剂 600~800 倍液。

4—5 月和 8 月上旬，各喷 1 次下列药剂：

0.2~0.3波美度石硫合剂；

0.5%石灰半量式波尔多液；

65%代森锌可湿性粉剂800倍液。

图11-3　板栗炭疽病为害叶片症状

严格掌握采收的各个环节，适时采收，待栗蓬呈黄色，出现十字状开裂时，拾栗果与分次打棚。采收期每2~3天打棚1次，因不成熟栗果易失水腐烂。打棚后当日拾栗果，以上午10时以前拾果较好，重量损失少。

注意贮藏。采后将栗果迅速摊开散热，以产地沙藏较为实际。埋沙时，可先将沙以50%噻菌灵可湿性粉剂1 000倍液湿润，贮温以5~10℃较宜。

第四节　板栗枝枯病

【**症状**】引起枝枯，在病部散生或群生小黑点，初埋生于表皮下，后外露（图11-4）。

图 11-4　板栗枝枯病为害枝条症状

【**防治方法**】早春于发芽前用 3~5 波美度石硫合剂或 21% 过氧乙酸水剂 400~500 倍液喷雾，铲除越冬病菌。

5—6 月，雨季开始时喷施下列药剂：

50% 多菌灵可湿性粉剂 800~1 000 倍液；

36% 甲基硫菌灵悬浮剂 600~700 倍液；

50% 苯菌灵可湿性粉剂 1 000~1 500 倍液，间隔 15 天喷 1 次，连续 2~3 次。

第五节　板栗栗大蚜

栗大蚜（*Lachnus tropicalis*）又叫黑蚜虫，属同翅目，大蚜科（图 11-5）。在各产区均有分布。我国北方栗产区为害较严重，其他地区也有为害。寄主为板栗、橡树等。以成虫、若虫群集枝梢上或叶背面和栗蓬上吸食汁液为害，影响枝梢生长和果实成熟，常导致树势衰弱。

图 11-5 板栗栗大蚜

【发生规律】一年发生多代，以卵在枝干皮缝处或表面越冬，阴面较多，常数百粒单层排在一起。翌年 4 月孵化，群集在枝梢上繁殖为害，5 月产生有翅胎生雌蚜，迁飞扩散至嫩枝、叶、花及栗蓬上为害繁殖，常数百头群集吸食汁液，到 10 月中旬产生有性雌、雄蚜，交配产卵在树缝、伤疤等处，11 月上旬进入产卵盛期。

【形态特征】有翅胎生雌蚜体黑色，被细短毛，腹部色较浅；翅色暗，翅脉黑色，前翅中部斜向后角处具白斑 2 个，前缘近顶角处具白斑 1 个。无翅胎生雌蚜体黑色被细毛，头胸部窄小略扁平，占体长 1/3，腹部球形肥大，足细长。

卵长椭圆形，初暗褐色，后变黑色具光泽。

若虫多为黄褐色，与无翅胎生雌蚜相似，但体较小，色淡，后渐变深褐色至黑色，体平直近长椭圆形。

【防治方法】

（1）冬季刮皮消灭越冬卵。早春发芽前，树上喷施 5%柴油乳剂或黏土柴油乳剂，减少越冬虫卵。

（2）保护天敌。栗大蚜的天敌很多，主要有瓢虫、草蛉和寄生性天敌，只要合理地加以保护，依靠天敌的作用，完全可以控制其为害。

（3）越冬卵孵化后即为害期，及时喷50%抗蚜威可湿性粉剂1 500~2 000倍液，或用30%氧乐果·氰戊菊酯乳油2 000~2 500倍液，或用50%蚜灭磷乳油1 000~1 500倍液，或用10%吡虫啉可湿性粉剂2 000~3 000倍液等。

第六节　板栗黄枯叶蛾

栗黄枯叶蛾又名青枯叶蛾（图11-6），属鳞翅目、枯叶蛾科。分布于广东、海南、福建、台湾、江西、浙江、云南、四川、陕西等省。以幼虫食叶为害。

图11-6　板栗黄枯叶蛾成虫

【形态特征】成虫雌雄异形。雄蛾翅展41~53mm，雌蛾翅展58~79mm，前翅近三角形、内横线、外横线、亚外缘波状纹和中室斑纹均为黄褐色，后翅中部有两条明显的黄褐色横线纹。雄蛾绿色或黄绿色，雌蛾橙黄色或黄绿色。雌蛾前翅中室斑较大，由中室至内缘为一大型黄褐色斑纹；腹部末端密生黄褐色肛毛。卵铅灰色，顶部有一褐色斑。老熟幼虫体长50~63mm，头壳紫红色，具黄色纹；胴部第一节两侧各具一束黑色长毛，体被浓密毒毛，背纵带颜色黄白相间，腹部1~2节间和7~8节间的背部各具一束白色长毛，体侧各节间具蓝色斑点，腹足红色。蛹为被蛹，背面红褐，腹面橙黄，胸背部后端具两丛黑色毛束。茧马鞍形，黄褐色。

【生活史及主要习性】 此虫在广州每年发生3~4代，最末一代是在11月上旬出现。在我国台湾一年发生4代，海南省年发生5代，无越冬蛰伏现象。雌雄幼虫龄数及历期不同，雄性5龄，历期30~41天；雌性6龄，历期41~49天。每一雌蛾平均产卵327粒。成虫飞翔能力较强，有趋光性。特别喜食海南蒲桃、番石榴等。

【防治措施】

（1）用90%敌百虫或50%杀螟松乳油1 000~3 000倍液毒杀2~3龄幼虫，死亡率可达96%以上，毒杀4~5龄幼虫，死亡率达92%。

（2）相对湿度较大时可用白僵菌进行防治。

第十二章　核桃病虫害

核桃分布非常广泛，在西北、华北、东北、中南、西南和华东20多个省区市都有分布，以云南、山西、陕西、河北等省分布最为普遍。全国约有核桃 2 亿株，年产量 10 万 ~ 15 万 t，仅次于美国居世界第二位。核桃含有丰富的脂肪、蛋白质、钙、磷、铁、胡萝卜素、维生素 B_1、维生素 B_2、糖类、烟酸等营养成分。

第一节　核桃炭疽病

【症状】主要为害果实，亦为害叶、芽、嫩枝，苗木及大树均可受害。果实受害后，病斑初为黑褐色，近圆形，后变黑色凹陷，由小逐渐扩大为近圆形或不规则形。发病条件适宜病斑扩大后，整个果实变暗褐色，最后腐烂，变黑，发臭，果仁干瘪（图 12-1）。叶片感病后发生黄色不规则病斑，在叶脉两侧呈长条状枯斑，在叶缘发病呈枯黄色病斑。严重时全叶变黄造成早期落叶。

【防治方法】发芽前喷洒 3 ~ 5 波美度石硫合剂，消灭越冬病菌。展叶期和6—7月间各喷洒 1：0.5：200 倍式波尔多液 1 次。

开花后 3 周开始喷药，可用下列药剂：

50%多菌灵可湿性粉剂 600 倍液＋50%福美双可湿性粉剂 500 倍液；

图 12-1 核桃炭疽病为害果实症状

50%多·福·锰锌（多菌灵·福美双·代森锰锌）可湿性粉剂 1 000~1 500 倍液；

70%甲基硫菌灵可湿性粉剂 800~1 000 倍液+75%百菌清可湿性粉剂 60 倍液，间隔 10~15 天喷 1 次，连喷 2~3 次。

病害发生初期，可喷施下列药剂：

50%多菌灵可湿性粉剂 500~800 倍液；

60%噻菌灵可湿性粉剂 1 500~2 000 倍液；

10%苯醚甲环唑水分散粒剂 2 500~3 000 倍液；

40%氟硅唑乳油 8 000~10 000 倍液；

5%己唑醇悬浮剂 800~1 500 倍液；

40%腈菌唑水分散粒剂 6 000~7 000 倍液；

25%咪鲜胺乳油 800~1 000 倍液；

50%咪鲜胺锰络化合物可湿性粉剂 1 000~1 500 倍液；

6%氯苯嘧啶醇可湿性粉剂 1 000~1 500 倍液；

2%嘧啶核苷类抗生素水剂 200~300 倍液；

3%中生菌素水剂 250~500 倍液等。

第二节 核桃枝枯病

【症状】多发生在 1~2 年生枝条上，造成大量枝条枯死，影响树体发育和核桃产量。该病为害枝条及枝干，尤其是 1~2 年生枝条，病菌先侵害幼嫩的短枝，从顶端开始渐向下蔓延直至主干。被害枝条皮层初呈暗灰褐色，后变为浅红褐色或深灰色，大枝病部下陷，病死枝干的木栓层散生很多黑色小粒点。受害枝上叶片逐渐变黄脱落，枝皮失绿变成灰褐色，逐渐干燥开裂，病斑围绕枝条一周，枝干枯死，甚至全树死亡（图 12-2）。

图 12-2 核桃枝枯病为害枝干症状

【防治方法】刮除病斑。如发现主干上有病斑，可用利刀刮除病部，并用 1%硫酸铜伤口消毒后，涂刷下列药剂：

50%福美双可湿性粉剂 30~50 倍液；

3~5 波美度石硫合剂；

0.15%梧宁霉素水剂 200~300 倍液；

25%双胍辛胺水剂 250~500 倍液；

20%邻烯丙基苯酚可湿性粉剂 40~60 倍液；

5%菌毒清水剂 50~100 倍液，涂抹消毒。

生长季节可喷施下列药剂：

70%甲基硫菌灵可湿性粉剂 800~1 000 倍液；

45%代森铵水剂 800~1 000 倍液+50%多菌灵可湿性粉剂 500~800 倍液；

70%代森锰锌可湿性粉剂 800~1 000 倍液+50%异菌脲可湿性粉剂 800~1 000倍液，间隔 10~15 天喷 1 次，共喷 2~3 次，以上药剂应交替使用。

第三节　核桃黑斑病

【症状】主要为害叶片、新梢、果实及雄花。在嫩叶上病斑褐色，多角形，在较老叶片上病斑呈圆形，中央灰褐色，边缘褐色，有时外围有黄色晕圈，中央灰褐色部分有时形成穿孔，严重时病斑互相连接（图12-3）。有时叶柄也可出现边缘褐色，

图 12-3　核桃黑斑病为害叶片初期症状

中央灰色，外围有黄晕圈病斑，枝梢上病斑长形，褐色，稍凹陷，严重时病斑包围枝条使上部枯死。果实受害初期表面出现小而稍隆起的油浸状褐色软斑，后迅速扩大渐凹陷变黑，外围

有水渍状晕纹，果实由外向内腐烂至核壳。

【防治方法】核桃发芽前喷洒 1 次 3~5 波美度石硫合剂；展叶时喷洒 1：0.5：200 半量式波尔多液或 47%氧氯化铜可湿性粉剂 300~500 倍液。

落花后 7~10 天为侵染果实的关键时期，可喷施下列药剂：

1%中生菌素水剂 200~300 倍液；

30%琥胶肥酸铜可湿性粉剂 500~600 倍液；

60%琥胶肥酸铜·三乙膦酸铝可湿性粉剂 500~800 倍液；

72%农用硫酸链霉素可溶性粉剂 3 000~4 000 倍液；

50%氯溴异氰尿酸可溶性粉剂 1 200~2 000 倍液等，间隔 10~15 天喷 1 次，连喷 2~3 次。

第四节 核桃腐烂病

【症状】主要为害枝干树皮，因树龄和感病部位不同，其病害症状也不同。大树主干感病后，病斑初期隐藏在皮层内，俗称"湿囊皮"（图 12-4）。树皮纵裂，沿树皮裂缝流出黑水，干

图 12-4 核桃腐烂病为害主干症状

后发亮，好似刷了一层黑漆。幼树主干和侧枝受害后，病斑初期近于梭形，呈暗灰色，水浸状，微肿起，用手指按压病部，

流出带泡沫的液体，有酒糟气味。病斑沿树干纵横方向发展，后期病斑皮层纵向开裂，流出大量黑水，当病斑环绕树干一周时，导致幼树侧枝或全株枯死。

【防治方法】早春发芽前、6—7月和9月，在主干和主枝的中下部喷2~3波美度的石硫合剂，50%福美双可湿性粉剂50~100倍液，铲除核桃腐烂病。

刮治病斑，在病斑外围1.5cm左右处划一"隔离圈"，深达木质部，然后在圈内相距0.5~1.0cm，划交叉平行线，再涂药保护。常用药剂有4~6波美度的石硫合剂、50%福美双可湿性粉剂50倍液等，亦可直接在病斑上敷3~4cm厚的稀泥，超出病斑边缘3~4cm，用塑料纸裹紧即可。

第五节　核桃枯梢病

【症状】主要为害枝梢，受害后，病斑呈红褐色至深褐色，棱形或长条形，后期失水凹陷，其上密生红褐色至暗色小点（图12-5），即病原菌的分生孢子器，后造成枝梢枯死。也能为害果实和叶片，叶片枯黄脱落，果实腐烂。

图12-5　核桃枯梢病为害枝梢症状

【**防治方法**】4—5月及8月各喷洒50%甲基硫菌灵可湿性粉剂200倍液、80%乙蒜素乳油200倍液，都有较好的防治效果。

刮除病斑治疗。用刀刮去病斑树皮至木质部，或将病斑纵横深划几道口子，然后涂刷3波美度石硫合剂，用1%硫酸铜液或50%福美双可湿性粉剂50~100倍液等药液进行消毒处理。

第六节　核桃白粉病

【**症状**】发病初期，叶面有褪绿的黄色斑块，后在叶片的正反面出现明显的片状薄层白粉，即病菌的菌丝、分生孢子梗和分生孢子。秋后，在白粉层中出现褐色至黑色小颗粒。严重时，嫩叶停止生长，叶片变形扭曲和皱缩（图12-6、图12-7），嫩芽不能展开，影响树体正常生长。幼苗受害后，造成植株矮小，顶端枯死，甚至全株死亡。

图12-6　核桃白粉病为害叶片初期症状

图12-7 核桃白粉病为害叶片后期症状

【**防治方法**】发芽前喷施1波美度石硫合剂，减少菌源。发病初期可喷洒下列药剂：

50%苯菌灵可湿性粉剂800倍液；

20%三唑酮乳油1 000倍液；

12.5%腈菌唑乳油3 000倍液；

40%氟硅唑乳油6 000~8 000倍液；

10%苯醚甲环唑水分散粒剂1 500~2 000倍液；

6%氯苯嘧啶醇可湿性粉剂1 000~1 500倍液。

第七节 核桃云斑天牛

核桃云斑天牛是核桃种植过程中常见虫害之一（图12-8），被害部位皮层稍开裂，从虫孔排出大量粪屑。为害后期皮层开裂。成虫羽化多在上部，呈一大圆孔。幼虫在皮层及木质部钻蛀隧道，从蛀孔排出粪便和木屑，受害树因营养器官被破坏，逐渐干枯死亡。

【**生活习性**】该虫2~3年发生1代，以幼虫或成虫在蛀道内

图 12-8　核桃云斑天牛

越冬。成虫于翌年 4—6 月羽化飞出，补充营养后产卵。卵多产在距地面 1.5~2 米处树干的卵槽内，卵期约 15 天。幼虫于 7 月孵化，此时卵槽凹陷，潮湿。初孵幼虫在韧皮部为害一段时间后，即向木质部蛀食，被害处树皮向外纵裂，可见丝状粪屑，直至秋后越冬。来年继续为害，于 8 月幼虫老熟化蛹，9—10 月成虫在蛹室内羽化，不出孔就地越冬。

【防治措施】

（1）于秋、冬季节或早春砍伐受害严重的林木，并及时处理树干内的越冬幼虫和成虫，消灭虫源。

（2）在 5—6 月成虫发生期，组织人工捕杀。对树冠上的成虫，可利用其假死性振落后捕杀。也可在晚间利用其趋光性诱集捕杀。

（3）虫孔注药。幼虫为害期（6—8 月）用注射器从虫道注入 80% 敌敌畏或 40% 氧化乐乳油或 10% 吡虫啉湿性粉剂或 16% 虫线清乳油 100~300 倍液 5~10ml，可再用浸药棉塞或粘泥或塑料袋堵注虫孔。

（4）毒签熏杀。幼虫为害期从虫道插入天牛净毒签，3~7 天幼虫致死率 98% 以上，其有效期长使用安全、方便，节省投入。

（5）喷药防治。成虫发生期对连片受害林木向树干喷洒90%敌百虫1 000倍液或绿色威雷100~300倍液杀灭成虫。

第八节　核桃举肢蛾

核桃举肢蛾（图12-9），又名核桃黑。属鳞翅目，举肢蛾科。幼虫蛀食核桃青皮和核仁，受害早期幼果脱落，硬核后青皮变黑，果仁发育不良、干缩，影响核桃产量和质量，受害严重时果实蛀害率60%~80%，一般年份20%~30%，是山区核桃主要害虫。

图12-9　核桃举肢蛾

【发生规律】核桃举肢蛾在河北、山西、山东等地一年发生1代，在河南、陕西的南部和四川等地一年发生1~2代。

【形态特征】雌蛾体长5~8mm，翅展13~15mm；雄蛾体长4~7mm，翅展12mm。黑褐色，有金属光泽。头部褐色被银灰色大鳞片；下颚须内侧白色，外侧淡褐色；触角黑褐色密被白毛，丝状；下唇须向前突出弯向内方；复眼朱红色。

胸背黑褐色，中胸小盾片被白鳞毛。前翅狭长，黑褐色，翅基1/3处有圆形白斑，翅端1/3处有一内弯半月形白斑，缘毛黑褐色，后翅披针形，黑褐色，有金属光泽。腹背黑褐色，第二至六节密生横列的金黄色小刺。后足胫节和跗节有黑色毛束。

【防治方法】

（1）利用斯氏线虫。6月下旬和8月下旬，树盘每平方米喷洒11万头斯氏线虫，可以起到比较好的防治效果。

（2）利用苏云金杆菌。在核桃举肢蛾成虫羽化初、盛、末期后4~5天，幼虫孵化蛀果前期，喷施苏云金杆菌，浓度为2亿~4亿孢子/ml，效果也不错。

（3）利用白僵菌。在核桃举肢蛾成虫羽化后、幼虫初孵化蛀果前喷白僵菌，浓度为2亿~4亿孢子/ml，在空气湿度80%左右，保果效果为65%~80%。特别适宜在阴坡、阴沟处使用，阳坡不宜使用。

（4）喷施除虫脲。在核桃举肢蛾成虫羽化后、幼虫孵化蛀果前喷20%除虫脲胶悬液5 000倍液，每隔7天喷1次，连喷2~3次，保果率达95%~97%。

主要参考文献

任小莲 . 2017. 北方果树病虫害防治新技术［M］. 北京：中国农业出版社 .

孙廷，李玉霞，杨立鹏 . 2016. 果树规模生产与经营［M］. 北京：中国农业出版社 .

王慧珍 . 2017. 果树生产新技术：苹果、梨、葡萄、桃、杏［M］. 北京：中国农业出版社 .

张同舍，肖宁月 . 2017. 果树生产技术［M］. 北京：机械工业出版社 .